变电站机器人巡检运维技术
培训教材

EPTC 电力机器人专家工作委员会　组编

陈　曦　孙　杨　主编

中国电力出版社
CHINA ELECTRIC POWER PRESS

内 容 提 要

随着变电站智能运维技术以及人工智能技术的快速发展，变电站巡检机器人得到广泛应用，EPTC 电力机器人专家工作委员会积极探索解决电力机器人使用和维护方法，组织国内权威电力机器人专家、运维单位编写了本书。

本书系统性阐述了变电站巡检机器人的理论基础，包括技术原理、巡检系统组成、施工建设及验收、基本操作、日常维护、巡检数据分析与应用、典型案例分析及处理、新技术应用及未来发展方向，理论与实操相结合，可有效指导变电站现场运维人员做好机器人运行维护技术性工作，也可作为广大能源一线运维人员、机器人领域相关生产、研究、制造、检测企业日常工作工具书。

图书在版编目（CIP）数据

变电站机器人巡检运维技术培训教材 / 陈曦，孙杨主编；EPTC 电力机器人专家工作委员会组编. —北京：中国电力出版社，2020.6
ISBN 978-7-5198-4621-3

Ⅰ. ①变… Ⅱ. ①陈…②孙…③E… Ⅲ. ①机器人–应用–变电所–电力系统运行–巡回检测 Ⅳ. ①TM63

中国版本图书馆 CIP 数据核字（2020）第 074665 号

出版发行：中国电力出版社
地　　址：北京市东城区北京站西街 19 号（邮政编码 100005）
网　　址：http://www.cepp.sgcc.com.cn
责任编辑：罗 艳　高 芬　张晓燕
责任校对：黄 蓓　朱丽芳
装帧设计：张俊霞
责任印制：石 雷

印　　刷：三河市万龙印装有限公司
版　　次：2020 年 6 月第一版
印　　次：2020 年 6 月北京第一次印刷
开　　本：710 毫米×1000 毫米　16 开本
印　　张：14.5
字　　数：279 千字
印　　数：0001—2000 册
定　　价：106.00 元

编写人员名单

主　编 陈　曦　孙　杨

副主编 田孝华　叶爱民　徐　波

参编人员（排名不分先后）

吴　键　许建刚　钱　平　牛　捷　麦晓明

肖安雁　刘　旭　谷永刚　何　健　张　鹏

孙振权　柯艳国　冯新文　彭　铖　苗俊杰

梁可道　张　永　鄂士平　韩高飞　李　帆

吴　淘　陈　婷　张欢欢　林　谋　刘璟明

张　琛　夏祥波　肖　云　臧春艳　张贵峰

廖　华　邵　华　宋　兵　李文胜　李　勋

乐　昀　乐　敏　王喜伟

参编单位 （排名不分先后）

中能国研（北京）电力科学研究院

杭州申昊科技股份有限公司

浙江国自机器人技术有限公司

北京国电瑞源科技发展有限公司

亿嘉和科技股份有限公司

东方电子股份有限公司

国网智能科技股份有限公司

华通科技有限公司

安徽继远检验检测技术有限公司

浙江大立科技股份有限公司

武汉国能测控有限公司

山东金惠新达智能制造科技有限公司

江西小马机器人有限公司

前　言

　　随着变电站机器人巡检新技术的快速发展，变电站巡检机器人技术得到了广泛应用。尽管机器人极大地解放了人力，使变电站设备运维效率得到提升，但在大幅度节约运维成本、实现无人值班管理模式的运维实效、提升设备及电网的安全水平等方面，仍需做出实质性的突破。

　　EPTC 电力机器人专家工作委员会针对以上应用存在的问题难点和痛点，积极探索解决电力机器人使用与维护等问题的方法，组织国内权威的电力机器人专家、运维单位历时一年时间编写完成《变电站机器人巡检运维技术培训教材》，在编写过程中，编者兼顾本领域基本理论，又融入应用实践中取得的最新成果，力求内容详实且兼具发展性空间。

　　为便于读者阅读，本书从变电站巡检机器人应用基础知识、监控系统等相关知识进行系统性阐述，包含概述、技术原理、巡检系统组成、施工建设及验收、基本操作、日常维护、巡检数据分析与应用、典型案例分析及处理、新技术应用及未来发展方向，注重实操与理论的结合，针对故障与问题的解决，追求效率与水平的提高。

　　本书可有效指导现场运维人员做好机器人运行维护技术性的工作，在生产实践中，不断地推进变电站巡检机器人替代人工，也可作为广大能源领域一线运维人员、机器人领域相关生产、研究、制造、检测企业日常工作的一本工具指导书，对相关领域的教学、科研、生产实践提供一些参考依据。

　　EPTC 电力机器人专家工作委员会着眼于对行业做贡献，倾注大量精力组织编写本书，编写工作得到了相关电力系统单位以及机器人厂家众多支持和关心，行业内资深专家也提出许多宝贵意见，在此一并致谢。

　　鉴于变电站智能运维技术快速发展趋势下，人工智能技术和新型传感器产品不断地涌现，电力机器人技术也在快速发展迭代中，本书虽然经过认真编写、校订和审核，仍然难免有疏漏和不足之处，需要不断地补充、修订和完善，欢迎广大读者提出宝贵意见和建议，使之更臻成熟。

EPTC 电力机器人专家工作委员会

2020 年 03 月

目 录

第 1 章
概　　述

1.1　电力机器人技术定义与分类

1.1.1　机器人学的起源

人类长期以来存在一种愿望，即创造一种像人一样思考、合理思考，像人一样行动、合理行动，以便能够替代人进行各种工作。机器人的概念在人类的想象中已经存在 3000 多年，直到 60 多年前，"机器人"才作为专有名词加以引用。

进入近代之后，人类发明了各种机械工具和动力机器，协助或替代人们从事各种体力劳动。18 世纪发明的蒸汽机开辟了利用机器动力替代人力的新纪元。随着动力机器的发明，出现了第一次工业和科学革命，各种自动机器、动力机和动力系统相继问世，机器人也开始由幻想时代转入自动机械时期，各种精巧的机器人玩具和工艺品被制造出来。这些机器人玩具和工艺品的出现，标志着人类的机器人梦想开始实现。进入 20 世纪之后，随着科技的进步，机器人技术得到了全面发展，机器人的雏形也趋于明朗。

人工智能学界在 20 世纪 70 年代开始对机器人产生浓厚的兴趣，他们发现，机器人的出现和发展为人工智能的发展提供了一个很好的试验平台和应用场所，是人工智能可能取得重大进展的潜在领域。到了 70 年代中期，机器人技术进入了一个新的发展阶段。到 70 年代末期，机器人制造业成为发展最快和最好的产业之一。

20 世纪 80 年代后期，由于传统机器人用户应用工业机器人已趋于饱和，从而造成工业机器人产品的挤压，不少机器人厂家倒闭或被兼并，国际机器人学的研究和机器人产业出现不景气现象。20 世纪 90 年代初，机器人产业出现复苏和继续发展的迹象（见图 1-1）。但 1993～1994 年又出现低谷。1995 年以来，世界机器人数量逐年增加，增长率也较高。

图 1-1　第一台移动机器人

电脑连接线

摄像机

测距仪

控制器

视觉处理单元

碰撞探测器

驱动轮

角轮

驱动电机

进入 21 世纪，工业机器人发展速度加快，年增长率达到 30%左右。其中，亚洲工业机器人增长速度达到 43%。

根据联合国欧洲经济委员会（UNECE）和国际机器人联合会（IFR）统计，全球工业机器人在 1960～2006 年累计安装 175 万多台，至 2011 年累计安装超过 230 万台。

根据 IFR 统计，2011 年是工业机器人产业蓬勃发展的一年，全球市场同比增长 37%。其中，中国市场的增幅最大，销量达 22577 台，较 2010 年增长 50.7%；2012 年达到 26902 台，同比增长 19.2%。截至 2018 年，中国的工业机器人拥有量达到十万台。

机器人技术的迅速发展，已对许多国家的工业生产、太空及海洋探索、国防、国民经济和人民生活产生了重大影响。

在我国，自 1985 年起，先后在几个全国一级学会内设立了机器人专业委员会，以组织和开展机器人学科的学术交流，促进机器人技术的发展，提高我国机器人学的学术水平和技术水平。机器人学这一新学科在我国也已经形成，并开展了经常性的研究和学术交流活动。

1.1.2　电力机器人的由来

1.1.2.1　机器人起源

国际上，关于机器人定义主要有以下几种：

（1）英国简牛津的定义。机器人是"貌似人的自动机，具有智力的和顺从于人的但不具人格的机器"。

（2）美国工业机器人协会（RIA）的定义。机器人是"一种用于移动的各种材料、零件、工具或专用装置的，通过可编程序动作来执行种种任务的，并具有编程能力的多功能机械手（manipulator）"。

（3）日本工业机器人协会（JIRA）的定义。工业机器人是"一种装备有记忆装置和末端执行器的，能够完成各种移动来代替人类劳动的通用机器"。

（4）美国国家标准局（NBS）的定义。机器人是"一种能够进行编程并在自动控制下执行某些操作和移动作业任务的机械装置"。

（5）国际标准组织（ISO）的定义。机器人是"一种自动的、位置可控的、具有编程能力的多功能机械手，这种机械手具有几个轴，能够借助于可编程程序操作来处理各种材料、零件、工具和专用装置，以执行种种任务"。

（6）《中国大百科全书》对机器人定义为：能灵活地完成特定的操作和运动任务，并可再编程序的多功能操作器。对机械手的定义为：一种模拟人手操作的自动机械，它可按照固定的程序抓取、搬运物件或操持工具完成某些特定操作。

上述各种定义的共同之处，是机器人能模仿人的动作，具有智力、感觉与识别能力，是人造的机器或机械电子装置。

1.1.2.2　变电站巡检机器人的由来

电力机器人是服务于电力系统的特种机器人，具有一种或多种拟人功能，可辅助或替代人工进行巡检、带电抢修和维护作业等工作，电力机器人涵盖发电、输电、变电、配电等各个领域，种类有 20 余种，主要有变电站巡检机器人、高压带电作业机器人、超高压巡线机器人、核电站作业机器人、变电站绝缘子清扫机器人、锅炉承压部件检测机器人、电缆管道检测机器人等。

近年来，坚强智能电网的快速发展，为电力机器人创造了更多的市场机会。电力机器人家族功能互补、协同作战，解决电网运行管理中的实际问题。

变电站巡检机器人的出现，解决了变电站人工巡检存在的任务繁重、安全隐患、效率低下、漏检、误检、处理故障不及时等问题。变电站巡检机器人具备多种创新技术的集成，融合了地图构建、自主定位、视觉导航和激光导航等多项技术，真正实现了变电站巡检机器人自主巡检。

2001 年，能源行业首次提出了变电站应用移动变电站巡检机器人技术进行设备巡检的想法，并于 2002 年被正式列入"国家 863 计划"重点项目建设。2005 年 11 月，长青变电站正式投入运营，为无人值守变电站的推广应用提供了创新型的技术检测手段，提高了电网的可靠稳定运行水平。

随着变电站无人值守制度的实行，以 220kV 变电站为例，例行巡视一周两次，全面巡视一月一次，变电站运维人员无法实时掌握站内设备的运行情况。同时，随着变电站规模的扩大，红外测温、局部放电等带电检测工作内容的移交，变电运维人员的巡视任务随之增长。

变电站巡检机器人可根据需求搭载各类检测仪器，依照预先设定的任务自动开展工作，受环境、气候以及作业时间的影响较小。为了能够实时掌握现场设备的运行情况，减轻变电运维人员的巡视任务，变电站巡检机器人逐步应用于变电站，与人工巡检相结合开展变电站巡检工作，从而达到减少运维人员、提高巡检效率的目的。

1.1.3　变电站巡检机器人的定义和分类

1.1.3.1　变电站巡检机器人的定义

变电站巡检机器人可携带可见光摄像机、红外成像仪、高保真监控拾音器等采集设备，以自主或遥控的方式，在无人值守或少人值守的变电站对设备进行巡检。

变电站巡检机器人可以辅助或替代人工进行巡检，有效地检测变电站中的设备和线路。具有对变电站设备进行红外测温、表计读数、设备状态识别、异常状态报警、声音视频采集等功能，后台系统具备实时视频监控、信号互转、信息显示、数据存储和报表自动生成等功能。为运维人员提供及时、可靠的数据信息，从而实现对巡检管理的智能化监控，具有客观性强、标准化、智能化、效率高等特点。

1.1.3.2 变电站巡检机器人的分类

变电站巡检机器人按照运动方式可分为轮式巡检机器人（见图 1-2）和轨道式巡检机器人（见图 1-3）；按照巡检应用场景的不同，可以分为室内巡检机器人和室外巡检机器人。

图 1-2 轮式巡检机器人

图 1-3 轨道式巡检机器人

1.2 变电站巡检机器人应用现状

我国在 2007 年出现了变电站巡检机器人的研究报道，鲁守银等提出了一种巡检机器人的体系结构，给出了基于该体系结构的车体运动学建模和避障算法；矫德余等研制了嵌入式系统的巡检机器人，该系统携带红外热像仪、可见光摄像机等检测设备，基于磁轨迹实现最优路径规划和双向行走，以自主或遥控方式实现站内一次设备温度的自动巡检；肖鹏等针对现有云台产品无法满足变电站现场巡检要求这一情况，设计了巡检机器人云台控制系统并通过实验验证了该系统的有效性；王建元等针对无人值守变电站遥视系统的网络化和智能化多点监测趋势，结合巡检机器人技术，提出一种基于图论的智能寻迹方案并利用基于传递闭包理论的路径搜索算法，对各检测点关联信息进行关联路径搜索。

变电站巡检机器人的技术发展经历了从最初的磁条引导式导航方式、传统图像处理与机器学习处理图片的方式，到现在的无轨化激光导航与视觉导航相结合的组合导航方式、传统图像处理与深度神经网络相结合的图片处理方式。

变电站巡检机器人的外观形态从原来的大型化、笨重型、组装化过渡到小型化、高度集成化、模块化。

1.3 人工智能技术在变电站巡检机器人领域的应用

变电站巡检机器人应用于从输电线路到变电站巡检的各个环节。人工智能技术在变电站巡检机器人领域的应用可以降低一线人员劳动强度，增强设备运维自动化水平，确保安全出产。人工智能不仅是一次技术上的改变，也是国家科技战略的中心方向，为传统工作带来工业晋级的活力。

变电站巡检机器人在自主移动、控制与驱动、定位导航以及传感器数据采集、图像处理、语音采集与处理、系统分析与决策、大数据分析等方面都要用到人工智能技术。人工智能在每一个领域的突破和发展，都会对变电站巡检机器人核心功能、平台特性、数据运维管理等起到推动作用。人工智能在变电站巡检机器人上的运用主要有以下几个方面：

（1）变电站巡检机器人自主定位与导航（SLAM）：变电站巡检机器人自主定位与导航是机器人实现各类采集任务、运维操作的基础，而定位的精度、防跌落功能、导航避障功能都有赖于人工智能算法的先进程度和可靠性。

（2）变电站巡检机器人控制与决策：变电站巡检机器人在底层伺服驱动、路径规划、任务管理等方面均有前馈控制、深度神经网络控制等人工智能算法的应用，未来随着变电站巡检机器人结构更加多样化、环境适应性提升以及任务多样化，对人工智能的依赖度将不断提升。

（3）变电站巡检机器人数据采集与处理：人工智能在视频、图像、语音等领域的不断发展，推动了机器人在图像处理、设备音频采集与判断、传感器数据采集与处理等方面的能力逐步提升，以图像识别为例，各种深度学习算法的不断应用，有效提升图像识别的自适应性和准确性。

（4）图像识别与诊断：变电站巡检机器人需要以实时视频流式传输方式将图像数据传递到本地专用服务器中，并通过传统图像处理与深度神经网络学习算法相结合的方式对图片进行识别，包括表计读数、温度测量，异物识别、缺陷识别、人脸识别，行为识别等。并对数据进行分析处理最终反馈结果。

（5）环境智能监控：安全的环境是设备得以安全运行的重要依托，通过合理分布环境传感器，对巡检机器人所处环境的温度、湿度等微气象进行采集；联合巡检机器人、监控和环境传感器对火险火情进行实时监测识别，重点监控，同时能够联动报警系统和灭火系统，进一步处理险情。环境智能监控需要人工智能在数据处理、模式识别、环境联动控制等方面起到重要作用。

（6）大数据平台与后台系统：数据进入平台后，通过多维度的数据关联分析和数据挖掘等技术，结合后台系统等管理工具，进行辅助决策与判断，从而提升运维管理水平。

1.4　变电站巡检机器人的发展展望

《中国制造 2025》明确将机器人作为重点发展领域。近年来，工业和信息化部也接连出台《机器人工业展开规划（2016—2020 年）》等政策，着力推进机器人工业快速健康可持续发展，打造面向全球的机器人技术和工业生态系统。

2018 年，能源行业开展小型化、工具化机器人应用试点，建成机器人巡检信息管理平台；2020 年，全面推广小型化、工具化机器人，能源行业的变电站运维班组全部配置。

人工智能不仅是一次技术上的改造，未来，它必将与严峻的社会改造同步，成为国家科技战略的中心方向，为传统工作带来工业晋级的活力。与此同时，"机器代人"的生产方式，将让各行各业发生巨大改变。

作为变电站巡检机器人系统的重要载体，变电站巡检机器人本体通过搭载实现巡检功能的传感器在特定工作环境下自主运行，完成软件系统的数据融合与分析、通信传输、接口规范、应用对接、专家系统等功能，随着包括室外变电站巡检机器人、室内变电站巡检机器人、巡线机器人以及无人机等在电力行业应用的不断拓展，机器人产品不断趋于成熟，主要体现在以下几个方面：

（1）变电站巡检机器人应用场景以及结构功能趋于一致：随着各公司精益管理的不断推进，架空输电线路、配电站、电缆隧道等需要变电站巡检机器人应用的场合规范性、一致性不断提升，且自动化程度越来越高，因此，变电站巡检机器人的硬件结构、传感器、防护等级、设计规范等要求趋于统一；同时，变电站巡检机器人硬件基本由感知、控制、驱动等部分构成，这样有利于用户及行业标准化的制定，也便于产业链形成以及行业管理。

（2）变电站巡检机器人软件核心功能趋于标准化：随着变电站巡检机器人应用的不断成熟，变电站巡检机器人核心功能的量化及应用为电力行业的运维工作带来了重大变化，目前电力巡检机器人的核心功能包括环境感知、视觉识别、红外测温、音频检测、安防监控、呼叫平台等，每一个功能的量化目标、接口规范、数据标准已不断明确，使得机器人软件开发有章可循，核心功能数据趋于标准化并不断成熟。

（3）用户接口及应用趋于平台化：变电站巡检机器人平台化主要包括硬件平台化、软件平台化以及核心功能平台化等三个方面。随着应用场景及核心功能的不断成熟，机器人应用已从早期的演示推广发展到目前的核心功能数据接入使用和运维操作平台化建设。具体而言，一方面，数据接口在应用过程中不断规范化；另一方面，根据最终用户需求，在对接不同平台时呈现更加符合其运维需要的数据信息。目前，已经有各类以运维为目的的操作平台在各省、市公司先后投入使用，从变电站巡检机器人角度来看，平台化一方面便于客户使用及规范化操作，另一方面，也可以促使产业链不断发展。

随着巡检机器人在输电架空线、变电站、配电站等场合的应用不断推广，改变了电力系统传统的运维方式，智能化水平不断提升。未来，随着智能电网的发展以及智能化、自动化水平的提升，变电站巡检机器人将成为重要的载体和工具，是信息获取和运维的重要手段。此外，由于变电站巡检机器人技术的发展以及人工智能水平的不断提升，变电站巡检机器人将会走向变电站巡检行业的多种应用场合，实现更为复杂、多样的任务，包括维修维护、消防安全、操作运行等工作，满足无人值守、协同操作等更为智能的运维及管理功能。

第 2 章
技术原理

2.1 导 航 方 式

机器人导航是机器人本体需具备的基本功能之一，是机器人安全而高效行走的保障。现有的机器人导航通常采用磁导航、2D/3D 激光 SLAM 技术、机器视觉导航等方案实现。在实际应用中机器人往往融合多种导航方式，携带里程计、陀螺仪等多种传感器，实现优势互补。

2.1.1 磁导航

磁导航是传统导航方式之一，利用电磁导航或磁带导航的方式，引导机器人行走。

磁导航是通过在机器人的行驶路径上埋设金属导线，并加载低频、低压电流，使导线周围产生磁场，机器人上的感应线圈通过对导航磁场强弱的识别和跟踪，实现导引。机器人通过磁感应传感器检测地面上铺设的磁带，进而获取磁感应传感器与磁带的相对一维坐标信号，机器人根据信号状态跟随磁带。磁带导航与电磁导航的原理是相近的，不同之处是用路面上贴磁性引导带替代在地面下埋设金属导线。

变电站内磁轨迹和 RFID 标签的布置方式如图 2-1 所示。磁轨迹敷设在道路中间，停靠检测点的 RFID 标签埋设在磁轨迹的右侧（相距约 20cm）。如机器人只沿一个闭合路径单向行走，则每个路口只需布置 1 个 RFID 标签。

为实现机器人双向行走，需要根据路口类型埋设多个 RFID 标签。由于机器人识别到 RFID 标签后进行平稳停车时有一定的停车距离，以路口交叉点为基准，在机器人沿磁轨迹的每个方向驶向路口交叉点的右侧，埋设路口标识点 RFID 标签，路口标识点 RFID 标签的埋设数量分别为：拐弯处 2 个，丁字路口 3 个，十字路口4 个。机器人底部的左右两侧对称安装 2 个 RFID 读卡器，机器人行驶过程中读到任一 RFID 标签时，均能识别出自身位置和行走方向。

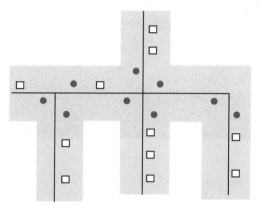

道路　● 路口RFID标签　□ 检测点RFID标签　— 磁轨迹

图 2-1　磁轨迹与 RFID 标签布置示意图

2.1.2　2D/3D 激光 SLAM 技术

2.1.2.1　基本原理

激光导航一般采用渡越时间法（time-of-flight，TOF）。渡越时间是激光遇到障碍物折返时间，发射器发出调制信号，目标物将一部分信号反射回到接收器。接收到的信号与发射的信号通过专用处理器关联，处理器测量渡越时间并计算目标物的对应距离。激光光束可准确测量视觉环境中物体轮廓边沿与设备间的相对距离，这些轮廓信息组成点云并绘制出 3D 环境地图，精度可到厘米级别。激光导航原理如图 2-2 所示。

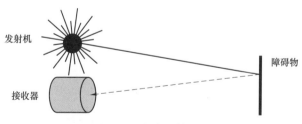

图 2-2　激光导航原理

激光导航方式为了产生完整的点云，需快速地对整个环境进行采样，发射器每秒发射数万或数十万个激光脉冲，并返回到激光雷达单元上位于发射器附件的接收器。

由于数据保真度随着距离远近而变化，距离激光雷达的远近不同会导致点云的疏密程度不同。较高分辨率可用于较近的物体，随着传感器的距离增加，发射器之间的角度会导致点带之间的间隔更大（见图 2-3 和图 2-4）。

图 2-3　点云图

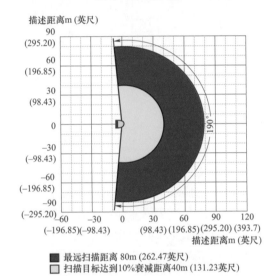

描述距离m（英尺）

■ 最远扫描距离 80m（262.47英尺）
□ 扫描目标达到10%衰减距离40m（131.23英尺）

图 2-4　激光扫描区域及距离（含最大及盲区）

2D 激光雷达由高同频脉冲激光测距仪和一维旋转扫描（即单线激光）组成。2D 激光雷达通过激光二极管发射激光脉冲，经相关处理后变为高斯分布的圆光斑，并以一定的发射角射出。假设光束出射直径为 8mm，随着探测距离的增大，图 2-5 显示了光斑束发散的过程。

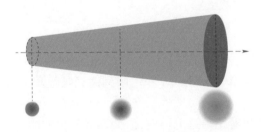

图 2-5　激光脉冲出射发散

光斑直径 D 与探测距离 U 的关系（见图 2−6）为：

$$D = 8（mm）+ 0.013（rad）\times U（mm）$$

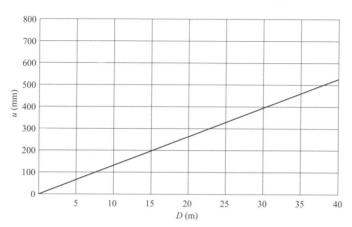

图 2−6 激光脉冲在不同探测距离处的光束直径

为了可靠检测物体，激光束应完整地入射到物体表面，待测物须大于激光的覆盖区域。射出激光传输的距离越远，单个脉冲可测量点的个体之间的距离越远。测量点之间的距离也取决于配置的角分辨率。角分辨率越大，测量点之间的距离越大；角分辨率越精细，测量点之间的距离越小。为了保证扫描区域不发生间断，需要足够数量的激光脉冲保证角分辨率。下面提供了一种可能的方案支持可定制的角分辨率：激光重复频率为 36kHz，如果旋转电动机频率为 50Hz，那么每对周围完成一次二维平面扫描便有 720 个激光脉冲，得到的 0.5° 的角分辨足以完成对既定区域内的所有目标的扫描。

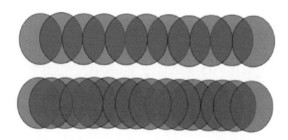

图 2−7 0.5°与 0.25°角分辨脉冲交叠对比

3D 激光雷达与 2D 激光雷达原理相同，均是由激光发射器、旋转装置和激光接收器组成，不同之处在于 3D 激光雷达有多个激光发射器和激光接收器，而 2D 激光雷达只有一个激光发射器和激光接收器。16 线 3D 激光雷达如图 2−8 所示，具有高达 100m 的范围，每秒高达约 120 万点，+15°～−25° 垂直视场，360° 水平

图 2-8　16 线 3D 激光雷达

视场，低功耗等特点。

机器人导航分为三个步骤：建图、定位、路径规划。目前，机器人路径规划依赖于 2D 栅格地图。环境的 3D 点云图无法实现路径规划，只能基于 3D 正态分布点云配准算法的定位。

2.1.2.2　存在问题

（1）材质。表面反射率高的材料，激光会产生向远距离传感器的方向散射，导致所测量区域的点云不完整。

（2）环境。环境对激光传感器读数会造成影响，导致测量不准确问题。雨、雪、雾、沙尘等会减弱发射的激光脉冲而对激光雷达造成影响，通常采用较大功率的激光器解决问题。

（3）行驶速度。激光传感器对于旋转时的刷新率相对较慢，激光传感器最快的旋转速率大约是 10Hz，这限制了数据流的刷新速率。因此，为保证获取激光传感器获取点云数据的完整性，应限制机器人的行驶速度。

（4）属性识别。激光传感器无法判断纸袋和岩石等异物，直接影响了机器人的避障功能。

2.1.3　里程计

里程计是一种利用从传感器获得的数据来计算物体位置随时间的变化而改变的装置。该装置在机器人上用于计算机器人相对于初始位置的距离。

2.1.3.1　基本原理

机器人里程计测距原理为：首先根据单位时间内产生的脉冲数计算轮子的旋转圈数，然后根据轮子的周长计算机器人的运动速度，最后根据机器人的运动速度积分计算里程。最终实现机器人行走里程的测量。

2.1.3.2　存在问题

里程计存在的主要问题为精度问题，如轮子的打滑会导致机器人移动的距离与轮子的旋转圈数不一致。当机器人在不光滑的表面运动时，误差是由多种因素混合产生的，随时间推移累积误差会不断增大。因此，需要对里程计的误差进行标定。

2.1.4　陀螺仪

2.1.4.1　基本原理

陀螺仪，又称角速度传感器，是一种用来传感与维持方向的装置，基于角动量守恒的理论设计，如图 2-9 所示。主要是由转子、旋转轴、陀螺仪帧、万向坐标系构成，用于检测角速度。

陀螺仪固定安装在机器人上面，测量机器人运动过程中旋转的角速度，使用陀螺仪和加速度计进行机器人定位，通过采集加速度传感器的加速度信号，经过二次积分得到位移信号，并结合陀螺仪测得的机器人运动的角度信号，对机器人的转动进行控制。

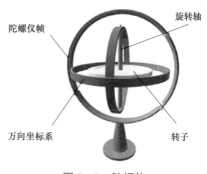

图 2 – 9　陀螺仪

2.1.4.2　陀螺仪在机器人控制中的应用

（1）机器人直线行走。基于陀螺仪纠偏技术来检测机器人在直线行走中是否走偏。在实际工程应用中，若发生机器人走偏，可通过陀螺仪纠偏控制使机器人回到设定路线。

（2）机器人转弯。通过给左右两轮设定不同的速度，陀螺仪测得机器人角度，直到该角度等于设定的角度时停止，进行下一个动作。

（3）应用中存在的问题：

1）直线纠偏时，偏转的角度能纠回到正确的角度，但整个机器人会平移一段距离。

2）转弯的设定角度和实际的角度有偏差，容易受控制器的运算速度的影响。

2.1.5　视觉导航

视觉导航指计算机利用视觉传感器采集周围环境图像，通过机器视觉和图像处理算法还原三维环境信息。机器视觉是一个完整的过程，它由环境图像获取、图像信息处理和分析等一系列技术结合。

简单说来就是对机器人周边的环境进行光学处理，先用摄像头进行图像信息采集，将采集的信息进行压缩，然后将它反馈到一个由神经网络和统计学方法构成的学习子系统，再由学习子系统将采集到的图像信息和机器人的实际位置联系起来，完成机器人的自主导航定位功能。

（1）摄像头标定算法。传统摄像机标定主要有 Faugeras 标定法、Tscai 两步法、直接线性变换方法、张正友平面标定法和 Weng 迭代法。自标定包括基于 Kruppa 方程自标定法、分层逐步自标定法、基于绝对二次曲面的自标定法和 Pollefeys 的模约束法。视觉标定有马颂德的三正交平移法、李华的平面正交标定法和 Hartley 旋转求内参数标定法。

（2）机器视觉与图像处理。机器视觉与图像处理分为数字图像获取、图像处理与分析、输出三个阶段，其流程如图 2 – 10 所示。图像处理与分析过程为：

1）预处理：灰化、降噪、滤波、二值化、边缘检测。

2）特征提取：特征空间到参数空间映射。算法有 HOUGH、SIFT、SURF。

3）图像分割：RGB – HIS。

4）图像描述识别。

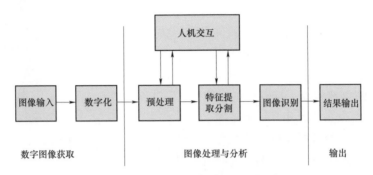

图 2 – 10 机器视觉与图像处理流程图

（3）定位算法。基于滤波器的定位算法主要有 KF、SEIF、PF、EKF、UKF
等。也可以使用单目视觉和里程计融合的方法，以里程计读数作为辅助信息，利
用三角法计算特征点在当前机器人坐标系中的坐标位置，这里的三维坐标计算需
要在延迟一个时间步的基础上进行。根据特征点在当前摄像头坐标系中的三维坐
标以及它在地图中的世界坐标，来估计摄像头在世界坐标系中的位姿。这种方法
降低了传感器成本，消除了里程计的累积误差，使得定位的结果更加精确。此外，
相对于立体视觉中摄像机间的标定，这种方法只需对摄像机内参数进行标定，提
高了系统的效率。

（4）定位算法基本过程。通过摄像头获取视频流（主要为灰度图像，stereo VO
中图像既可以是彩色的，也可以是灰度的），记录摄像头在 t 和 $t+1$ 时刻获得的图
像为 I_t 和 I_{t+1}。相机的内参，可以通过相机标定获得，也可以通过 matlab 或者 opencv
计算为固定量。

定位算法基本步骤：

1）获得图像 I_t，I_{t+1}。

2）对获得图像进行畸变处理。

3）通过 FAST 算法对图像 I_t 进行特征检测，通过 KLT 算法跟踪这些特征到图
像 I_{t+1} 中，如果跟踪特征有所丢失，特征数小于某个阈值，则重新进行特征检测。

4）通过带 RANSAC 的 5 点算法来估计两幅图像的本质矩阵。

5）通过计算的本质矩阵进行估计 R、t。

6）对尺度信息进行估计，最终确定旋转矩阵和平移向量。

这种方法是连续的、缓慢的，只有在图像足够相似时才有效。而特征点方法在
图像差异较大时也能工作。因为利用了图像中所有的信息，直接法重构的地图是稠
密的，这与基于稀疏特征点的视觉里程计有很大不同。

2.2 运 动 控 制

2.2.1 运动控制系统组成

机器人工作于开放式的环境当中，需要不断适应环境的动态变化并进行反馈控制，这就要求其运动控制系统更加可靠和智能，运动控制系统的优劣直接决定机器人工作能力的高低。通常情况下，机器人运动控制系统主要由机械运动机构、电动机与驱动单元、主控制器、运动学模型运动控制算法组成。系统框图如 2－11 所示。

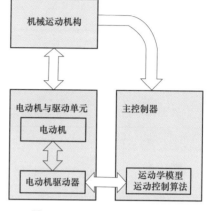

图 2－11　运动控制系统框图

2.2.2 运动控制系统设计原则

（1）运动机构设计。按照运动模型划分，机器人常用底盘运动机构主要包括双轮差动、四轮差动、单舵轮、双舵轮、麦克纳姆轮等类型。每种运动机构的基本原理和主要特点如表 2－1 所示，具体采用何种运动机构类型需要根据具体场景需要进行设计和确定。

表 2－1　　　　　　　　　　　运动机构的基本原理和主要特点

运动机构类型	基本原理	主要特点	备注
双轮差动	车体左右两侧各一个差速轮作为驱动轮，其余车轮都为随动轮。差速轮本身不能旋转，转向都是靠内外驱动轮之间的速度差来实现。因此不需要配置转向电动机	可以原地旋转，较灵活。对电动机和控制精度要求不高，成本相对较低。对地面平整度要求高	
四轮差动	车体四轮均位驱动轮，靠内外侧驱动轮速度差实现转向	直线行走能力良好，驱动力强，但电动机控制相对复杂，成本较高。需要精细结构设计使四轮着地，防止打滑	
单舵轮	通常为前驱，主要依靠车体前部的一个铰轴转向车轮作为驱动轮控制转向	结构简单、成本相对较低。对地面要求不高，适用环境广泛。灵活性相对较低	
双舵轮	车体前后各安装一个舵轮，搭配左右两侧的随动轮，由前后舵轮控制转向	双舵轮型转向驱动的优点是可以实现 360°回转功能，并可以实现万向移动，灵活性高且具有精确的运行精度。缺点是双舵轮成本较高	电力巡检场景较少使用

运动机构类型	基本原理	主要特点	备注
麦克纳姆轮	又称瑞典轮。在中心轮圆周方向布置了一圈独立的、倾斜角度（45°）的行星轮，这些成角度的行星轮把中心轮的前进速度分解成 X 和 Y 两个方向，实现前进及横行。其结构紧凑，运动灵活，是一种全方位轮	可以实现 360°回转功能和万向横移，灵活性高，运行占用空间小，更适合在复杂地形上的运动。缺点是成本相对较高，结构形式复杂，对控制、制造、地面的要求较高	电力巡检场景较少使用

（2）电动机选型。机器人常用电动机类型包括直流伺服电动机、步进电动机、舵机等。表 2-2 给出了移动机器人常用电动机类型的原理和特点。

表 2-2　　　　　　　　移动机器人常用电动机类型的原理和特点

电动机类型	基本原理	主要特点
直流伺服电动机	伺服电动机接收到 1 个脉冲，就会旋转 1 个脉冲对应的角度，从而实现位移。直流伺服电动机分为有刷和无刷电动机	直流伺服电动机容易实现调速，控制精度高。有刷电动机维护成本高
步进电动机	步进电动机是将电脉冲信号转变为角位移或线位移的开环控制电动机。在非超载的情况下，电动机的转速、停止的位置只取决于脉冲信号的频率和脉冲数，而不受负载变化的影响，当步进驱动器接收到一个脉冲信号，它就驱动步进电动机按设定的方向转动一个固定的角度，它的旋转是以固定的角度一步一步运行的	优点是控制简单、精度高，没有累积误差，结构简单，使用维护方便，制造成本低。缺点是效率较低、发热大，有时会"失步"
舵机	由接收机发出信号给舵机，经由电路板上的 IC 判断转动方向，再驱动无核心马达开始转动	速度快、扭力大的舵机，价格较高且耗电大

（3）主控制器的设计。主控制器是机器人控制系统的核心，需要完成较为复杂的运算与控制功能。应从功能、系统结构、运算速度、兼容性等方面考虑主控制器的设计和配置。目前常用的控制器有数字信号处理（digital signal processing，DSP）、现场可编程逻辑门阵列（field programmable gate array，FPGA）、单片机以及工控机。

2.2.3　运动控制关键技术原理

（1）运动学模型构建。机器人运动学模型是运动控制系统的基础，它描述的是机器人主动轮转动的速度与机器人整体运动状态的关系，不同底盘构造的运动学模型也大不相同。机器人运动学模型是根据机器人底盘的几何特性，为整个机器人运动推导一个模型。各单个轮子对机器人的运动做贡献，同时又对机器人运动施加约束。把多个连在一起的轮子的约束组合起来，就形成了机器人底盘整个运动的约束。建立和运用运动学模型的基本步骤如下：

1）建立平面全局参考框架、机器人局部参考框架用来表示机器人的位置。

2）根据机器人结构几何特征和各轮速度，首先计算在局部参考框架种各轮的贡献，得到前向运动学模型；使用运动学模型，在给定机器人位置和给定轮速的情况下，计算出机器人在全局参考框架中的速度。

（2）运动规划算法。运动规划是在给定的路径端点之间插入用于控制的中间点序列，从而实现沿路径的平稳运动。通常可以使用插补算法按给定曲线生成相应逼近的轨迹。

（3）运动控制算法。对于给定的指令轨迹，使用适合的运动控制算法和参数，产生输出，控制目标实时，准确地跟踪给定的指令轨迹。

运动控制算法一般解决两类问题：

1）镇定控制。又称为点对点控制，其控制目标是控制机器人运动到工作空间的指定点。要求移动机器人从任意的初始状态镇定到任意的终止状态，其目的是获得一个反馈控制律，使整个闭环系统的一个平衡点渐近稳定。对于移动机器人而言，点镇定又可称为姿态镇定或姿态调节。

2）跟踪控制。跟踪控制分为轨迹跟踪控制和路径跟踪控制两种。轨迹跟踪要求移动机器人的参考点的位置跟踪一条随时间变化的曲线，当要求在特定时间到达特定点时，就需要进行轨迹跟踪。而当要求移动机器人以一个期望的速度跟踪一条由几何参数组成的路径时，就可以使用路径跟踪。

轨迹跟踪是跟踪一条理想轨迹、这条轨迹是与时间有关的几何路径。因移动机器人是一个典型的非完整系统，在实际的应用中，由于外部干扰和本身参数未知等不确定因素的存在，导致轨迹跟踪问题难以形成统一的控制策略，因此，轨迹跟踪控制成为了移动机器人研究的重点。

路径跟踪是在平面坐标系下设定一条理想的几何路径，要求机器人从某一处出发，按照某种控制规律到达该路径上，并实现其跟踪运动。机器人路径跟踪的目的就是设计合适的控制规律控制机器人线速度和角速度，使得机器人能精确跟随参考路径。

2.2.4　运动控制数学模型

（1）四轮两驱机器人运动控制。运动控制就是控制机器人运动到指定的目标位置和方向，因此，它首先必须能够进行自主定位，然后按照一定的导航策略更新输出到驱动器的控制量，控制量为前进速度 v 和转动角速度 ω。

假设，机器人车体的前进速度为 V，转向角速度为 ω，机器人车体左、右侧驱动轮的直径为 D，左侧车轮的前进速度为 V_L，右侧车轮的前进速度为 V_R，左侧车轮的转动角速度为 ω_L，右侧车轮的转动角速度为 ω_R，则左右轮的驱动速度可以用式（2-1）计算。

$$\begin{cases} V_R = \omega_R D / 2 \\ V_L = \omega_L D / 2 \end{cases} \qquad (2-1)$$

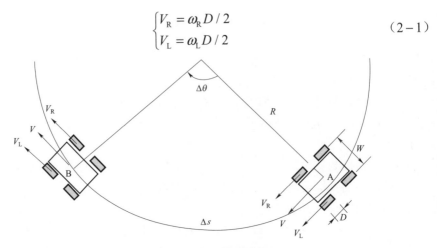

图 2-12 机器人运动示意图

图 2-12 为机器人运动示意图，图中 Δs 为机器人从 A 点行驶到 B 点的距离，$\Delta \theta$ 为转向角度。假定机器人两侧轮子的驱动速度不一样，且左右轮子都以匀速驱动，则机器人将以圆形轨迹运动，可以推导出式（2-2）所示的机器人前进速度 V 和转向速度 ω 的计算公式。

$$\begin{cases} \omega = \dfrac{V_R - V_L}{W} \\ V = \dfrac{V_R + V_L}{W} \end{cases} \qquad (2-2)$$

其中，W 为车体的宽度，机器人从 A 点到 B 点的时间用 Δt 表示，则机器人前进的距离 Δs 和转向角度 $\Delta \theta$ 的计算公式见式（2-3）。

$$\begin{cases} \Delta \theta = \omega \Delta t \\ \Delta s = V \Delta t \end{cases} \qquad (2-3)$$

将式（2-1）中的 V_L 和 V_R 的计算公式代入式（2-2）得：

$$\begin{cases} \omega = \dfrac{D}{2W}(\omega_R - \omega_L) \\ V = \dfrac{D}{4}(\omega_R + \omega_L) \end{cases} \qquad (2-4)$$

将式（2-4）中的 V_L 和 V_R 的计算公式代入式（2-3）得：

$$\begin{cases} \Delta \theta = \dfrac{D(\omega_R - \omega_L)}{2W} \Delta t \\ \Delta s = \dfrac{D(\omega_R + \omega_L)}{4} \Delta t \end{cases} \qquad (2-5)$$

由于轮子的转动是通过安装在驱动电动机上的编码器来测量的，在每个短的采样间隔 Δt 内，编码器给出的脉冲增量对应于轮子转动的圈数，通过下面公式可以将脉冲增量转换为转动角度：

$$\Delta \phi = \frac{2\pi}{nC_e} N = c_m N \qquad (2-6)$$

式中

$\Delta \phi$ ——轮子转动的角度增量；

n ——电动机和驱动轮之间的减速器减速比；

C_e ——编码器每圈的脉冲数；

N ——测量到的脉冲增量个数；

c_m ——将脉冲数转换成角度增量的转换系数，$c_m = 2\pi / (nC_e)$。

假设，在 Δt 时间内，左、右轮编码器的计算值分别为 N_l 和 N_r，左、右轮的转动速度分别表示为：

$$\begin{cases} \omega_L = \dfrac{2\pi}{nC_e \Delta t} N_l = c_m N_l / \Delta t \\ \omega_R = \dfrac{2\pi}{nC_e \Delta t} N_r = c_m N_r / \Delta t \end{cases} \qquad (2-7)$$

将式（2-7）代入式（2-4）可得在 Δt 时间内机器人的转向角速度和前进速度：

$$\begin{cases} \omega = \dfrac{c_m D}{2W \Delta t}(N_r - N_l) \\ V = \dfrac{c_m D}{4\Delta t}(N_r + N_l) \end{cases} \qquad (2-8)$$

将式（2-7）代入式（2-5）可得在 Δt 时间内机器人的转向角度 $\Delta \theta$ 和前进距离 Δs：

$$\begin{cases} \Delta \theta = \dfrac{c_m D}{2W}(N_r - N_l) \\ \Delta s = \dfrac{c_m D}{4}(N_r + N_l) \end{cases} \qquad (2-9)$$

（2）四轮八驱（转向四驱）机器人运动控制。两轮驱动的机器人底盘控制模型和硬件机构相对简单，能够应付大部分铺装路面情况，将驱动轮改装成履带即可适应非铺装路面。除了两驱轮式底盘外，还有一种比较受欢迎的轮式机器人底盘，它就是四轮独立转向机器人底盘。

该底盘具备四个驱动轮，并且四轮都可以独立控制转向。它相对于两轮驱动的优点是爬坡、越障性能稍强，转弯半径较小。

由于四个驱动轮都能够独立转向，因此机器人能够进行左转、右转、原地旋转、左斜行、右斜行、横移等运动动作（见图 2-13）。

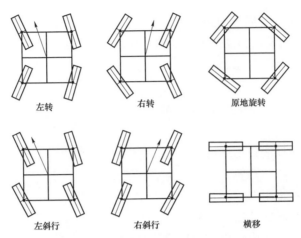

图 2-13　转向四驱机器人运动控制模型

一般具备左转、右转、原地旋转功能就已经能够适应大多数路况需求。在路面非常狭窄且定位精度要求较高的情况下，左、右斜行和横移会比较方便有效。

2.2.5　运动控制系统的硬件设计与实现

机器人运动控制硬件架构如图 2-14 所示，主控板即运动控制器，是机器人本体工控机与直流伺服电动机驱动器以及机身各传感器的信息传输枢纽。

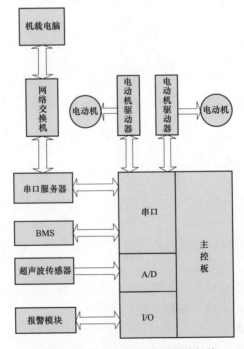

图 2-14　机器人运动控制硬件架构

根据系统功能将硬件电路分为以下几个模块：TM4C123AH6PM 最小系统模块、串口通信模块、A/D 转化模块、报警功能模块（I/O 接口）电路以及电源电路，硬件设计框图如图 2 - 15 所示。

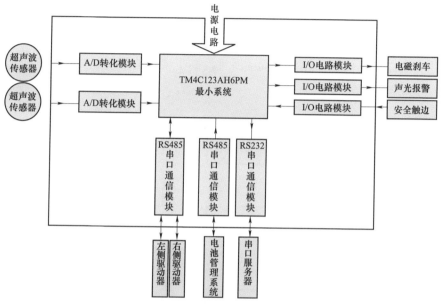

图 2 - 15　硬件电路设计框图

（1）TM4C123AH6PM 最小系统：保证芯片的正常工作同时提供芯片所需的时钟和复位电路以及程序下载电路。

（2）串口通信模块：将主控芯片的 TTL 电平转化为 RS232 电平和 RS485 电平，其中 RS232 用于与串口服务器进行异步串行通信方式进行通信，RS485 用于与电动机驱动器和电池管理系统通信。

（3）A/D 转化模块：用于超声波传感器的信号调理，将 0～5V 电压信号调整到主控芯片 A/D 的采集范围 0～3.3V。

（4）报警功能模块电路：输出和输入 0～3.3V 电压，根据输入电压高低判断安全触边是否被触发，通过输出电压的高低来控制电磁刹车用于机器人紧急制动，通过输出高低电平来控制声光报警器用于机器人的声光报警。

（5）电源电路：将锂电池电压进行变换，为机器人其他元器件提供稳定直流的电压。

2.2.6　运动控制系统软件系统设计与实现

2.2.6.1　软件系统功能模块

按照机器人系统的功能将程序划分为 4 个模块：运动控制功能模块、报警功能模块、A/D 采集模块和串口通信模块。

将这些分开的功能模块有机结合起来便组成了整体软件设计，软件设计主要完成的任务为上位机命令的解析与处理、系统计算与直流伺服电动机速度分配、传感器数据的接收与处理、向上位机反馈处理信息。各模块并不是孤立的，每个模块之间有着密切的联系，如在报警功能模块中就用到 A/D 采集模块处理后的超声波传感器的数据。将一些多次应用的代码写成子函数的形式，供主程序和其他部分多次调用，这样不仅使程序化繁为简，而且提高了编程的效率。软件功能的划分如图 2－16 所示。

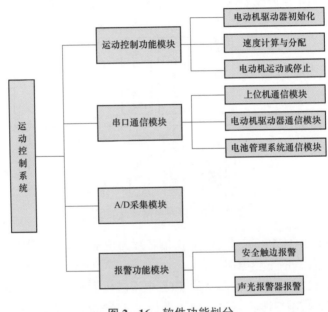

图 2－16　软件功能划分

（1）运动控制功能模块：首先对直流伺服电动机驱动器进行初始化配置，然后计算速度并将速度分配给对应的驱动轮，最后将速度发送给直流伺服电动机驱动器，控制电动机转动或停止，从而控制变电站机器人的运动状态。

（2）串口通信模块：按照相关的通信协议，完成与上位机、直流伺服电动机驱动器和电池管理系统的通信。

（3）A/D 采集模块：采集超声波传感器的信号并做数据分析，判断机器人前保险杠距离地面的距离，防止机器人跌落。

（4）报警功能模块：获取安全触边传感器的状态信息，判断机器人是否发生碰撞；根据对各传感器信号的数据处理结果，控制声光报警器是否报警。

2.2.6.2　系统运动控制功能软件设计

（1）电动机驱动器初始化。伺服驱动器主要有位置模式、速度模式和电流模式三种控制模式。

若直流伺服电动机的控制采用的是速度控制模式，需要完成对伺服驱动器的初始化配置，其控制流程如图 2-17 所示。

（2）速度计算与分配。主控板接收到上位机发送的控制指令后，首先对指令进行解析，然后将其中的两个驱动轮的速度提取出来。由于上位机发送的速度是字符串的形式，而主控板与电动机驱动器的通信协议中速度是以数字的形式发送的，所以需要将解析后的速度进行转化，转化为数字然后再分配给两个驱动轮。

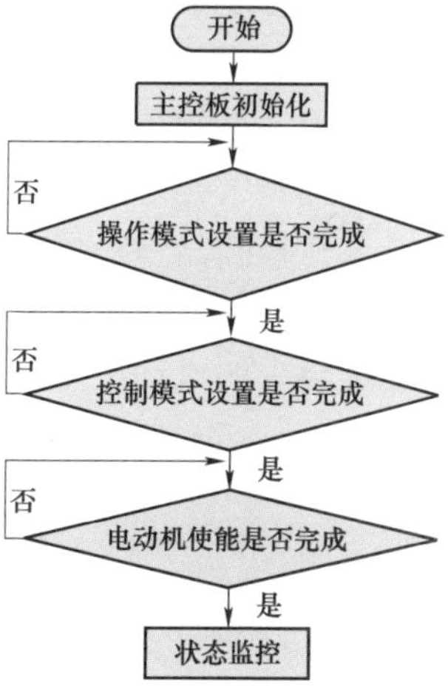

（3）电动机运动或停止。

1）电动机运动。向驱动器发送速度设置指令，向速度设置寄存器中写入速度值，即可改变速度设定值，如果设定值为正，那么电动机正转，如果设定值为负，那么电动机反转。

2）电动机停止。有两种方法可以使电动机停止运行：将电动机的速率置 0；电动机释放使能，此方式用于发生报警时紧急刹车，只需要向驱动器电动机使能寄存器写入 0。

图 2-17　初始化配置流程图

2.2.7　云台控制

云台大都采用的是直流步进电动机，具有转速高、可变速的优点，适合需要快速捕捉目标的场合。其水平最高转速可达 40~50°/s，垂直可达 10~24°/s。云台都具有变速功能，所提供的电压是直流 0~36V 的变化电压。变速的效果由控制系统和解码器的性能决定，以使云台电动机根据输入的电压大小做相应速度的转动。常见的变速控制方式有两种：一种是全变速控制，就是通过检测操作员对键盘操纵杆控制的位移量决定对云台的输入电压，全变速控制是在云台变速范围内实现平缓的变速过渡；另外一种是分挡递进式控制，就是在云台变速范围内设置若干挡，各挡对应不同的电压（转动速度），操作前必须先选择所需转动的速度挡，在对云台进行各方向的转动操作。

云台的转动角度尤其是垂直转动角度与负载（防护罩/摄像机/镜头总成）安装方式有很大关系。云台的水平转动角度一般都能达到 355°，因为限位栓会占用一定的角度，但会出现少许的监控死角。当前的云台都改进了限位装置使其可以达到 360°甚至 365°（有 5°的覆盖角度），以消除监控死角。用户使用时可以根据现场的实际情况进行设置。

云台控制系统一般由控制台、远程通信模块和云台控制模块组成。

控制台用于接收用户输入的云台控制指令并完成相应控制功能，如进行上、下、左、右各方向的行进动作。常见的控制台可以是一台安装了对应软件系统的 PC 机。

远程通信模块用于实现云台和控制台之间的通信，一方面将控制台发出的指令，传输到云台；另一方面也将云台的数据反馈到控制台。

云台控制器是最核心的模块，通常安装在云台上，需要实现两个主要功能：将接收到的控制台指令进行解码，转换为控制电动机运行的控制信号；根据控制信号，驱动云台上的电动机进行相应动作。

2.3 电源管理技术

电源系统是为机器人提供动力的核心部分，为机器人的电气设计、所有电器元件提供适合的供电保障。电源系统是否正常工作直接影响到机器人内部设备的稳定运行。

2.3.1 电源系统组成

（1）电池模块。机器人通常使用高质量的可充电蓄电池组作为电源。电池组的选用通常需要考虑如下几个因素：

1）电压等级：决定了机器人内部设备的电压适用范围。

2）电池容量：决定了机器人的工作时间和续航能力。

3）尺寸和重量：在某种程度上决定了机器人本体的尺寸和重量。

根据机器人内部设备电压及功耗，计算出机器人静态工作电流、动态工作电流、最大工作电流，考虑电池裕量及衰减，机器人内部空间有限及移动设备自重不宜过重等限制，选出机器人最适宜搭载的蓄电池组。

（2）电源状态监测模块。电池配置有电池管理系统（battery management system，BMS），可以实时监测电池电量、使用情况等信息。电源状态监测是供电系统的基本功能。通过电源状态监测结果，便于后续检查机器人运行状态，分析机器人运行故障。电源状态监测主要包括对电池组总电压、电流、电量及温度等基本信息的采集。通过监测电池组的实时状态，实现对电池组的有效控制，提高电池使用安全及效率，延长电池使用寿命。

（3）充电系统。机器人充电系统由充电动机构及充电桩组成，机器人支持两种充电方式，手动充电方式和自主充电方式。

充电动机构安装在机器人移动平台上，充电动机构包含直线导向结构、弹性减震结构、位置检测结构、充电对接结构等。当机器人需要充电时，机器人按照指令移动到机器人室指定位置，充电动机构进行充电对接操作。充电完成后，机器人充电动机构断开电气连接。

充电桩安装在机器人室，为机器人提供充电电源。

2.3.2　电源系统的工作原理

电源系统以单片机为核心，通过外围接口和驱动控制等电路实现状态检测、电源输出及充电过程控制、信息交互等功能。

通过串口通信实现与工控机命令执行及状态反馈的交互。通过监测电压、电流、电量及温度等信息，实现机器人运行状态的实时监控。电池保护和电路安全，包括对电池过放、过充保护，过电流、过电压保护和电路短路、浪涌保护等。

当检测到电池电压过低时，电源系统上传告警信息并自动切断电池供电，从而防止电池过放。当检测到电池充电电量超过预定饱和值时，电源系统自动停止电池充电，从而防止电池过充，综合运用各种措施保证电池使用安全，延长电池使用寿命。

电源系统控制充电动机构实现自主充电，通过驱动电路控制继电器组实现电池充电、供电切换和设备电源单独控制。为了便于检查机器人运行状态，分析机器人运行故障，电源系统将以事项形式存储命令执行和异常发生时的电源状态。控制散热风扇和电加热板使机器人本体内部温度保持电池及设备工作的适宜温度。电源系统根据设备电压等级及功率要求，转换分配为各支路电源输出。

2.3.3　自主充电技术

机器人自主充电实现方式主要有三种：采用红外测距和运动控制技术；采用激光建模和运动控制技术；采用激光扫描建模、红外定位和运动控制技术。

机器人自主充电的过程主要分为两个阶段：第一个阶段是寻找并靠近充电桩，第二阶段是实现机器人和充电桩的精确对接。第一阶段称为远程对接，第二阶段称为近程对接。远程对接时把机器人看作成一个质点，并不考虑机器人本身的姿态，当机器人进入对接区域时，需要根据传感器信息进行位姿调整，以满足相对充电桩位置和角度的要求。机器人自主充电如图 2 – 18 所示。

图 2 – 18　机器人自主充电成功状态图

由于一般的传感器仅对远程或近程有效,所以大多数的自主充电系统一般配有两套不同的传感器及对接程序。

远程对接时,如果在固定已知环境下,机器人能够利用内建环境地图进行位姿的校正很容易找到充电桩;但在未知环境下,由于需要在远距离方位发现充电桩所在方位,所以需要在充电桩所在的合适位置设置机器人易于识别的特殊标识。

远程对接一般使用激光或者声纳探测、视觉识别等方式来寻找充电桩,也可以通过设置红外线信号灯、可见光源、可循线等标识来给机器人提供充电桩的位置信息。

近程对接时,在充电桩上方设置便于传感器(如激光探测仪、反射带、视觉处理或超声波等)识别的特殊形状标记,机器人依据传感器得到的信号(如图像变化、图像特征、激光编码等)来进行调整充电桩的位置和角度,然后实施对接。

对接成功后,机器人开始充电并监控电池电压状态,如果电压达到设定电压则表明电池已经充满,机器人和充电桩脱离,充电结束。

2.4 车 体 防 护

机器人安全防护系统可由激光、超声波、红外、视觉相机、光电测距传感器、防撞机构等多种传感器或部件组成,实现机器人的非接触式避障、防跌落及接触式碰撞防护。

2.4.1 避障

2.4.1.1 避障方式

机器人避障可分为停障和绕障两种方式,见图 2-19。

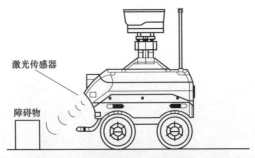

图 2-19 机器人停障/绕障原理示意图

机器人停障是指当机器人探测到行进路线上的一定距离内有障碍物阻挡时,机器人发出并执行减速制动指令,待障碍物清除后继续行进的避障方式。

机器人绕障是指当机器人探测到行进路线上的一定距离内有障碍物阻挡时,尝试直接绕过障碍物而继续行进的避障方式。该方式通过传感器测算障碍物之外的可行域是否满足机器人通过条件，若满足，则机器人提前绕过障碍物从可行路径通过。

2.4.1.2　传感器避障原理

机器人的测距一般采用渡越时间法，即：

$$D=(v \times t)/2 \tag{2-10}$$

式中

D ——测量距离，m；

v ——介质传输速率，m/s；

t ——发送到返回的时间间隔，即渡越时间，s。

机器人常用的避障传感器有激光传感器、超声波传感器、红外传感器和视觉传感器。

（1）激光传感器。激光传感器避障原理是通过测距方式来判断障碍物的形状和尺寸特征。其测距方式是由激光发射器发出时间很短的激光脉冲，接收器接收返回信号，根据入射波与反射波的延时，测出与目标的实际距离。激光传感器同时可以测量或计算出可行域的宽度，再依据机器人本体尺寸，可判断出机器人可绕障还是停障。

（2）超声波传感器。超声波传感器是将超声波信号转换成其他能量信号（通常是电信号）的传感器。超声波是振动频率高于 20KHz 的机械波。它具有频率高、波长短、绕射现象小，特别是方向性好、能够成为射线而定向传播等特点。超声波对液体、固体的穿透本领很大，尤其是在阳光不透明的固体中。超声波碰到杂质或分界面会产生显著反射形成反射成回波，碰到活动物体能产生多普勒效应。

超声波传感器包括三个部分：超声换能器、处理单元和输出级。首先处理单元对超声换能器加以电压激励，其受激后以脉冲形式发出超声波，接着超声换能器转入接受状态，处理单元对接收到的超声波脉冲进行分析，判断收到的信号是不是所发出的超声波的回声，如果是，就测量超声波的行程时间，根据测量的时间换算为行程，除以 2，即为反射超声波的物体距离。把超声波传感器安装在合适的位置，对准被测物变化方向发射超声波，就可测量物体表面与传感器的距离。超声波传感器有发送器和接收器，但一个超声波传感器也可具有发送和接收声波的双重作用。超声波传感器是利用压电效应的原理将电能和超声波相互转化，即在发射超声波的时候，将电能转换，发射超声波；而在收到回波的时候，则将超声振动转换成电信号。

（3）红外传感器。红外传感器大部分都采用三角测量方式。首先发射器以一定的角度向待测物体发射，另一个接收器检测到被物体反射回来的红外光束，从而得到一个偏移值。然后利用几何关系可以根据发射角度计算得到传感器与物体的距离。常见红外传感器的测量距离都比较近，此外，透明物体无法用红外传感器是无法检测距离，因为透明物体是红外线会穿透的材质。因此需根据场景避障要求进行选择。

（4）视觉传感器。视觉传感避障方式一般使用多个视觉传感器，通过算法计算出物体的形状、尺寸、速度以及深度距离等参数。通过视觉传感器避障的应用场景比较广泛，但需要复杂算法的支持，此外，视觉传感器受环境光线和能见度等因素的影响较大。

2.4.2　防跌落

机器人通过光电测距传感器，实现对行进道路上沟槽检测，并避开沟槽，防止跌落，见图2－20。

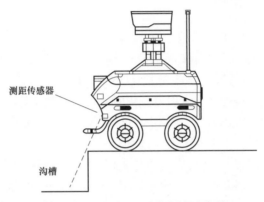

测距传感器

沟槽

图2－20　机器人防跌落原理示意图

光电测距传感器通过发射光束的方式照射斜下方物体，根据从物体返回的光束来测算物体与机器人的距离。当光电测距传感器检测距离发生的变化超过预设的值时（如超过10cm），即判定为遇到沟槽，工控机会发命令使机器人紧急停车并发出报警信息，以避免跌落。

2.4.3　机构防撞

机器人在本体外围配备防撞条、安全触边等防撞机构，当有物体碰到防撞机构时，防撞机构的接触式开关因为外力碰撞而触发，机器人主控单元立即发送指令使机器人紧急停车并发出报警信息，从而避免机器人本体和碰撞物受损，见图2－21。

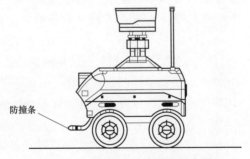

防撞条

图2－21　机器人防撞原理示意图

2.5 通 信 技 术

通信系统是用以完成信息传输过程的技术系统的总称。现代通信系统主要借助电磁波在自由空间的传播或在导引媒体中的传输来实现，前者称为无线通信系统，后者称为有线通信系统。当电磁波的波长达到光波范围时，这样的系统称为光通信系统，其他电磁波范围的通信系统则称为电磁通信系统，简称为电信系统。由于光的导引媒体采用特制的玻璃纤维，因此有线光通信系统又称光纤通信系统。一般电磁波的导引媒体是导线，按其具体结构可分为电缆通信系统和明线通信系统。无线电信系统按其电磁波的波长则有微波通信系统与短波通信系统之分。另一方面，按照通信业务的不同，通信系统又可分为电话通信系统、数据通信系统、传真通信系统和图像通信系统等。由于人们对通信的容量要求越来越高，对通信的业务要求越来越多样化，所以通信系统正迅速向着宽带化方向发展，而光纤通信系统将在通信网中发挥越来越重要的作用。

2.5.1 WiFi 技术

WiFi 技术是最满足和适合当前机器人通信系统要求的。目前各个机器人厂家几乎都是采用 WiFi 作为机器人的通信方式。

WLAN 是无线局域网络的简称，全称为 Wireless Local Area Networks，是一种利用无线技术进行数据传输的系统，该技术的出现能够弥补有线局域网络之不足，以达到网络延伸之目的。

WiFi 是无线保真的缩写，英文全称为 Wireless Fidelity，在无线局域网是指"无线兼容性认证"，实质上是一种商业认证，同时也是一种无线联网技术，与蓝牙技术一样，同属于在办公室和家庭中使用的短距离无线技术。同蓝牙技术相比，它具备更高的传输速率，更远的传播距离，已经广泛应用于笔记本、手机、汽车等广大领域中。

WiFi 是无线局域网联盟的一个商标，该商标仅保障使用该商标的商品互相之间可以合作，与标准本身实际上没有关系。从包含关系上来说，WiFi 是 WLAN 的一个标准，WiFi 包含于 WLAN 中，属于采用 WLAN 协议中的一项新技术。

2.5.1.1 物理层技术

WiFi 是由无线接入点 AP（Access Point）、站点（Station）等组成的无线网络。AP 一般称为网络桥接器或接入点，它是当作传统的有线局域网络与无线局域网络之间的桥梁，因此任何一台装有无线网卡的 PC 均可透过 AP 去分享有线局域网络甚至广域网络的资源。它的工作原理相当于一个内置无线发射器的 HUB 或路由，而无线网卡则是负责接收由 AP 所发射信号的 CLIENT 端设备。

2.5.1.2 常见标准

IEEE 802.11 发布之初，只支持 1Mbps 和 2Mbps 两种速率，工作于 2.4GHz 频段上面，两个设备之间的通信可以自由直接的方式进行，也可以在基站（BS）或者访问点（AP）的协调下进行。

IEEE 802.11a 标准采用了与原始标准相同的核心协议，工作频率为 5GHz，使用正交频分多路复用副载波，最大原始数据传输率为 54Mb/s。如果需要的话，数据率可降为 48、36、24、18、12、9Mb/s 或者 6Mb/s。它不能与 IEEE 802.11b 进行互操作，除非使用了对两种标准都采用的设备。由于 2.4GHz 频带已经被到处使用，采用 5GHz 的频带让 IEEE 802.11a 具有更少冲突的优点。然而，高载波频率也带来了负面效果。IEEE 802.11a 几乎被限制在直线范围内使用，这导致必须使用更多的接入点；同样还意味着 IEEE 802.11a 不能传播得像 IEEE 802.11b 那么远，因为它更容易被吸收。

IEEE 802.11g 的调制方式和 802.11a 类似，但其载波的频率为 2.4GHz（跟 802.11b 相同），共 14 个频段，原始传送速度也可达为 54Mbps，IEEE 802.11g 的设备向下与 IEEE 802.11b 兼容。

IEEE 802.11n 引入了 MIMO 的技术，使用多个发射和接收天线来允许更高的数据传输率，并增加了传输范围；并支持在标准带宽 20MHz 和双倍带宽 40MHz，使用 4×4 MIMO 时的速度最高可达 600Mbps。

IEEE 802.11ac 采用并扩展了源自 IEEE 802.11n 的空中接口概念，包括高达 160MHz 的射频带宽，最多 8 个 MIMO 空间流以及最高可达 256QAM 的调制方式。

2.5.2 信息安全

数据加密技术是无线网络通信安全常见的手段和措施,利用数据加密技术可以有效的保护无线网络通信数据的完整性和有效性。

加密模块使用的密码技术是通信双方按约定的法则进行信息特殊变换的一种保密技术。根据特定的法则，变明文为密文。随着通信技术的发展，对语音、图像、数据等都可实施加、解密变换。密码芯片是加密模块安全性的关键，它通常是由系统控制模块、密码服务模块、存储器控制模块、功能辅助模块、通信模块等关键部件构成的。

数据加密技术要求只有在指定的用户或网络下，才能解除密码而获得原来的数据。常规的密码算法有：美国的 DES 及其各种变形，如 Triple DES、GDES、New DES 和 DES 的前身 Lucifer；欧洲的 IDEA，在众多的常规密码中影响最大的是 DES 密码算法。

一般的数据加密可以在通信的三个层次来实现：链路加密、节点加密和端到端加密。

（1）链路加密。所有消息在被传输之前进行加密，在每一个节点对接收到的消息进行解密，然后先使用下一个链路的密钥对消息进行加密，再进行传输。在到达目的地之前，一条消息可能要经过许多通信链路的传输。

（2）与链路加密不同，节点加密不允许消息在网络节点以明文形式存在，它先把收到的消息进行解密，然后采用另一个不同的密钥进行加密，这一过程是在节点上的一个安全模块中进行。

（3）端到端加密允许数据在从源点到终点的传输过程中始终以密文形式存在，采用端到端加密。消息在被传输时到达终点之前不进行解密，因为消息在整个传输过程中均受到保护，所以即使有节点被损坏也不会使消息泄露。

机器人配置的通信加密模块后，可以远程通过密文传输巡检设备运行情况和各类信息，确保电力设备信息不外泄，保障电力系统运行安全。

2.6　图像采集及识别技术

图像识别是指利用计算机对图像进行处理、分析和理解，以识别各种不同模式的目标和对象的技术。一般工业使用中，采用工业相机拍摄图片，然后再利用软件根据图片灰阶差做进一步识别处理。计算机图像识别可以用人类识别图像的过程作为类比。图形刺激作用于感觉器官，人们辨认出它是经验过的某一图形的过程，也叫"图像再认"。在图像识别中，既要有当时进入感官的信息，也要有记忆中存储的信息。只有通过存储的信息与当前的信息进行比较的加工过程，才能实现图像的再认。图像识别是以图像的主要特征为基础的。每个图像都有它的特征，如字母 A 有个尖，P 有个圈、而 Y 的中心有个锐角等。对人眼图像识别的研究表明，视线总是集中在图像的主要特征上，也就是集中在图像轮廓曲度最大或轮廓方向突然改变的地方，这些地方的信息量最大。而且眼睛的扫描路线也总是依次从一个特征转到另一个特征上。由此可见，在图像识别过程中，知觉机制必须排除输入的多余信息，抽出关键的信息。

2.6.1　视觉伺服的云台校正技术

在机器人的巡检过程中，可见光和红外图像采集的质量直接影响着整个巡检任务结果的质量，在云台调用预置位采集待识别设备图像时，由于云台调用误差或者停车位置影响，可能会出现视野偏移的情况，导致需要识别的设备部分或者全部偏离出图像范围，从而导致机器人无法正常的进行设备的状态识别。

视觉伺服的云台位姿校正技术，实现了机器人根据图像信息的对比进行云台转动角度校正，有效解决了机器人在巡检过程中目标设备偏移的问题。

　　视觉伺服工作流程：首先将伺服模板图像保存在设备模板库中，在机器人行进至预置位后，调用云台预置位进行，拍摄实时伺服巡检图像；从设备的模板库中调取指定的模板图像，采用匹配算法实时匹配巡检图像与模板图像，计算模板图像与采集图像位移偏差，验证采集图像中是否包含完整的待检测设备区域；如果设备区域完整，则此采集图像可直接用于设备状态识别，如果设备区域偏出图像，根据图像像素偏移量计算云台转动角度偏移量，并将角度偏移量换算为云台转动控制参数，调用云台转动补偿此前角度的误差。

　　图 2-22~图 2-24 为在相同的预置位，对同一仪表设备进行变电站现场测试基于视觉伺服的云台控制效果图。

图 2-22　小焦距视觉伺服仪表设备模板图像

图 2-23　机器人在巡检任务中采集的仪表设备图像（仪表部分偏出）

图 2-24　经视觉伺服对云台进行角度补偿后采集的仪表图像（仪表在图像中央）

2.6.2　聚焦伺服和曝光伺服

机器人进行设备巡检时，需要拍摄设备的清晰图像，实现对其状态或读数的准确识别。但是使用摄像机进行图像采集，当采用自动聚焦模式时，可能聚焦到其他目标上，导致拍摄的图像中目标设备成像模糊，不能对设备状态、读数准确识别或者根本无法识别。

以避雷器表为例，如果采用自动聚焦模式，可能聚焦到后方背景上，造成仪表模糊。如图 2-25 所示。

图 2-25　相机聚焦到了后方背景上

使用清晰度评价函数对图像中仪表区域进行清晰度评价，如果清晰度值低于经验值，则调用区域聚焦伺服，使得仪表成像清晰，如图 2-26 所示。

拍摄设备图像也需要合适的曝光值，采用自动曝光模式，由于光照变化、背光、阴影等原因，设备所在图像区域可能过亮或过暗，导致图像中设备区域不清晰，影响设备状态或读数识别。

图 2-26 相机聚焦到了仪表上

以 SF$_6$ 为例，如果曝光值过低，会导致仪表图像过暗，影响识别读数精度，如图 2-27 所示。

图 2-27 SF$_6$ 曝光过暗的图像

使用清晰度评价函数对图像中仪表区域进行亮度评价，如果函数值低于设定阈值，则调用区域曝光伺服，根据仪表区域进行亮度调节，使得仪表亮度值合适，如图 2-28 所示。

图 2-28 SF$_6$ 表曝光伺服后的图像

2.6.3 模版匹配模型

模板匹配是一种基本的模式识别方法，就是在目标图像中寻找模板图像最匹配也就是最相似的部分，进而实现图像识别的技术。机器人获取的图像由于受到各种条件的限制（如天气、光照等对环境的影响）以及随机噪声的干扰，并不能直接用于模板匹配。因此在进行模板匹配之前，需要对图像进行预处理，减少噪声及无关信息干扰，增强并尽量完整保存目标特征。通过比较和改进经典的图像预处理算法，来尽量减少背景细节，并保存模板特征。

图像预处理算法主要有图像增强、倾斜矫正、阈值分割、模板匹配。

（1）图像增强算法。目前常用的是对数变换和直方图均衡化，但前者往往会降低背景和目标的对比；后者则具有盲目性，并不能自己选择增强的区域，往往会造成目标和背景一起增强的效果。一般通过实验与对数变换以及直方图均衡化的方法进行比较，并选取合适的结构元素来获得最佳增强效果。

图像增强速算法包含空间域增强和频率域增强两种。空间域增强是直接对图像中所有像素的灰度进行处理而频率域增强则是在图像的某个频率域中对变换系数进行处理，然后通过相关的变换再得到增强图像。

对数变换和直方图均衡化是使用最多的图像增强算法。对数变换是通过压缩原灰度图像的动态范围来避免灰度丢失，只适用于图像的动态范围过大而输出时超出某些显示设备的允许范围的情况。

直方图均衡化能通过扩展像素点多的灰度值，缩减像素点少的灰度值来增大总体的对比，该方法不能选择要处理区域，具有盲目性。直方图均衡化是指将原始图像通过某种变换从比较集中的灰度区间变成在全部灰度范围内均匀分布的新图像的方法，能达到增强图像整体对比度的效果。因此从原理上来说，直方图均衡化并非为了图像保真，而是为了有选择的突出目标信息，抑制背景信息。

（2）倾斜矫正算法。根据增强后图像的特点，利用变换检测到的直线可能是其条形码区域长和宽方向的任意一条边，需通过一定的筛选算法才能得到真正的倾斜角度。霍夫变换是图像处理中的一种特征提取的技术，它通过一种投票算法来检测具有特定形状的物体。该过程是在一个参数空间中通过计算累计结果的局部最大值得到一个符合该特定形状的集合作为霍夫变换结果。经典霍夫变换用来检测图像中的直线，后来霍夫变换扩展到任意形状物体的识别，多为圆和椭圆。

Hough 变换检测直线是运用点线的对偶性，即图像空间中共线的点与参数空间里相交的线一一对应，来进行两坐标空间之间的变换。它通过将图像空间中有相同形状的直线映射到参数空间的一个点上形成峰值，从而把图像空间里的直线检测转化为参数空间里统计峰值的问题。

（3）阈值分割算法。对于灰度峰值明显的图像，可利用基于全局阈值的双峰法来寻找阈值。阈值分割是在灰度图像中进行搜索，得到目标和背景分离的阈值，从而将灰度图像分割成只有黑白两种颜色的二值图像，以达到简化图像信息、降低运算量的目的。

全局值也叫双峰法，是根据图像的灰度直方图或其灰度空间分布来确定一个阈值，其算法简单，对目标和背景明显分离、直方图分布呈明显双峰的图像效果很好，但其对光照不均匀、噪声干扰较大等图像二值化效果明显变差。

局部阈值通过定义考察点的邻域及其计算模板，来实现考察点灰度与邻域点的比较。由于非均匀光照条件等情况虽然会影响整体图像的灰度分布，但却不影响局部的图像性质，因此局部阈值法比全局阈值法有更广泛的应用。

动态阈值法是一种自适应的图像二值化方法，能利用像素本身及其邻域灰度变化的特征来确定阈值，从而更好的突出背景和目标的边界。这种方法分割的更细腻，但对噪声更敏感，运算也更复杂。对于相对复杂的图像来说，动态阈值法的适用性是最好的，因此对不同种类的图像选择不同的阈值分割方法并进行改进，也是图像预处理中的重点。

灰度图像的灰度峰值可能不只两个，因此在选择条形码目标和其他背景的分割阈值时，需要对双峰法进行改进，使其适应于多峰的情况。另外对于运动图像，由于其灰度变化大，必须采用动态的阈值来进行二值化处理。

（4）模板匹配。通常情况下，模板匹配是通过计算模板图像和待搜索图像的相似度量，从而在待搜索图像中找到模板图像的过程。模板匹配的过程大致可以表述为：首先按像素计算模板图像与待搜索图像的相似度量，然后找到最大或最小的相似度量区域作为匹配位置。图 2-29 显示了在待搜索图像中进行模板匹配的基本过程。

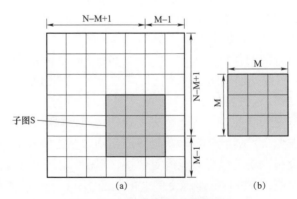

图 2-29　基本的模板匹配过程

（a）待搜索图像；（b）模板图像

概括来说，模板匹配算法大致可以分为以下三类：

1）基于灰度值的匹配算法。该算法使用的相似度量为图像的灰度值信息，通过比较模板图像和待搜索图像的灰度值相似度信息计算出两者的匹配程度。因为相似度量是图像的灰度值信息，因此，当图像存在遮挡或混乱的情况下，其匹配效果不佳，而且这种方法很容易受噪声、光照条件的影响，其实用范围有限，通常用于单模板匹配。匹配结果可以得到目标物在图像中的位置以及匹配的相似程度信息。基于灰度值的模板匹配方法将整幅图像的灰度值作为相似度量，利用定义好的搜索策略按照从上到下、从左到右的顺序在待搜索图像中搜索符合条件的区域，往往是通过设定一个指定大小的搜索窗口，在搜索窗口中进行搜索比较。一直以来，基于灰度值的模板匹配算法在工业现场中广泛应用。但是，越来越多的现场应用要求在场景中存在混乱或遮挡的情况下也能够准确快速的匹配出目标物体。

2）基于形状的匹配算法。该算法首先提取两幅图像的轮廓信息，然后用轮廓信息进行相关性比较。因为对象的轮廓对光照条件的变化等因素不敏感，因此基于形状的匹配算法较基于灰度值的匹配算法的抗干扰性更强，而且可以进行多模板匹配，可以一次找到一个模板的多个实例，实现偏移、旋转、比例缩放甚至是存在混淆和遮挡等情况下的匹配。基于形状的匹配还可以计算出多模板匹配中目标属于哪个模板信息。大量实践表明，图像的边缘不会或者很少受到非线性光线、混乱和遮挡的影响，因此是图像最基本的特征之一。如果图像中的边缘能够精确的定位和测量，那么，就意味着可以精确定位和测量实际的物体。使用基于图像边缘的模板匹配有几种搜索策略，可以归纳为以下三点：① 基于边缘点本身或在每个边缘点增加一些特性进行的匹配；② 首先通过边缘分割将目标图像分割成多个几何图元，然后分别对这些几何图元进行匹配；③ 首先利用边缘分割算法求取边缘突变点，然后在两幅图像进行边缘突变点的匹配，得出匹配结果。

3）基于组件的匹配算法。该算法的基本原理类似于基于形状的匹配算法，只是，基于组件的模板匹配经过了模板训练，可以对目标物的各个部件进行匹配，即使各部件间发生了旋转或偏移的情况。基于组件的模板匹配不必采用多个模板就可以完成对多个部件的匹配，匹配结果为各个部件的位置信息、角度信息以及相似度信息等。

实际工作过程中，机器人在巡检点位拍摄表计的图像，算法套用模板匹配在图片的表计位置，计算关键元素（如指针角度）的数值，从而成功识别表计读数，见图 2-30。现场的主要识别分为指针仪表识别、数字式仪表识别、油位计识别、呼吸器识别、断路器开关分合状态识别、隔离开关位置状态检测。

a. 指针式仪表识别。指针式仪表设备通常有深色表盘浅色指针，或者浅色表盘深色指针。仪表的指针颜色分为白色、黑色、红色等。而在变电站所有形态各异的指针式仪表中，都具有一个共同的特征，即所有的仪表指针都可以看作通过表盘圆心（或由圆心起始）的具有一定长度的近似直线。利用指针的这一特征，对指针进行识别提取，进而识别仪表读数。

图 2-30　巡检表计

为了提取仪表指针，需要对图像进行分割，去除对提取表针有干涉影响的背景。由于现场的光线变化及其他设备阴影的遮挡，使得采集的仪表图像亮度不均，有时甚至会出现"阴阳脸"似的表盘图像。通过改进的局部自适应阈值算法对图像进行分割，为了更准确的找到指针位置，我们对二值化后的图像进行细化处理，然后进行霍夫直线检测算法进行直线检测，并由此得到指针位置，进而进行仪表读数，见图 2-31。

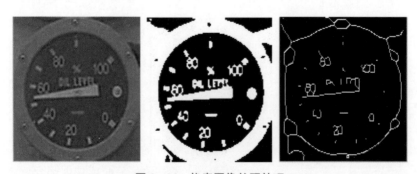

图 2-31　仪表图像的预处理

图 2-32 所示为由细化后的仪表图像得到的 Hough 直线检测结果，以及由此所得的在仪表图像中指针所在的位置。

图 2-32　仪表指针检测及结果读数

根据刻度标注从而实现对仪表进行识别，如图 2-33 所示。

图 2-33　仪表识别效果图

b. 数字式仪表识别。针对变电站内避雷器动作次数表等数字表记的识别，开发了对户外环境具有较强适应性的数字表识别算法。

针对室外条件下光线对识别的影响，使用预处理算法对巡检后台传回的图像进行预处理，抑制图像噪声，减少光照影响。对数字区域进行分割操作，定位数字位置，得到单个数字图像；对单个数字图像进行特征提取，然后使用训练好的机器学习分类器对单个数字进行识别，最后将单个数字进行组合得到最终的识别结果。

为了提高分类器数字识别的精度，构建了一个由多个子分类器组成的集成学习分类器，结构图如图 2-34 所示。图中的 Classifier_i 代表子分类器，各子分类器采用不同训练集，以保证子分类器之间有足够的差异性。巡检图片见图 2-35。

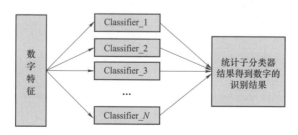

图 2-34　集成分类器结构图

图 2-35　巡检图片

开展对数字分割位置进行定位，得出识别结果，如图 2-36 和图 2-37 所示。

图 2-36　数字分割位置定位

图 2-37　识别结果

图 2-38　液晶数字表识别效果图

数字表识别算法同样可以识别液晶数字表（见图 2-38）。

c. 油位计识别（见图 2-39）。油位计是变电站内常见的仪器设备，主要检测目标是检测液面指示窗格中的液面比例。通过综合利用图像预处理中的 Gabor 滤波以及各种去噪技术可以有效避免光线对于检测的影响，使用图像分割中的自适应阈值技术可以对图像进行有效分割，从而得到识别油位计读数。

图 2-39　油位计设备示意图

图 2-40　油位计检测效果示意图

　　d. 呼吸器识别。呼吸器对于指示变电站内设备工作状态具有很重要的参考意义，通过对呼吸器的填充物的颜色空间和饱和度进行分析，得到填充物变色比例，作为识别结果上传状态数据库，见图 2-41。

　　e. 断路器开关分合状态识别。变电站中常见的断路器开关种类包括颜色开关和储能开关。使用颜色分析技术可以识别颜色开关的分合状态，使用形状检测和角度分析可以识别储能开关，三角储能开关不但可以识别开关的分合，还可以识别储能状态，见图 2-42。

图 2-41　呼吸器识别效果示意图（白变红）

图 2-42　断路器开关分合状态识别图

　　f. 隔离开关位置状态检测。站内隔离开关设备隔离开关识别即隔离开关当前的状态的识别，实时识别当前隔离开关是连接状态（合状态）还是断开状态（分状态）。通过图像分割中的二值化对隔离开关标定区域进行分析，然后根据规则对线段筛选，就可以判断隔离开关的分合状态，隔离开关检测过程如图2－43所示。

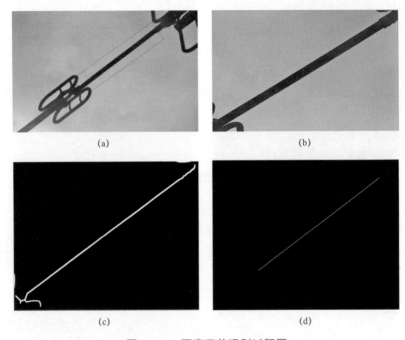

图2－43　隔离开关识别过程图

（a）隔离开关设备标定图；（b）标定区域大图；
（c）经过反色二值化得到图像；（d）线段筛选得到检测直线

2.7　红　外　检　测

2.7.1　基础理论

　　红外检测是一种非接触式检测技术，集光电成像、计算机、图像处理等于一体，通过接收物体发射的红外线，将其温度分布以图像的方式展示出来，从而能够准确反应物体表面的温度分布状况。通过检测设备细微的热状态变化，反应设备内、外部的发热状况，对发现设备的早期缺陷及隐患非常有效，具有实时、准确、快速、灵敏度高等优点。

　　红外线是自然界光谱中波长介于微波和可见光之间的电磁波，其波长范围是0.78～1000μm，在具有可见光的一般性能的同时还具有反映物体表面的温度场及能量场的特性。温度高于绝对零度（－273.16℃）的物体都会自发地向外发射红外辐射，物体向外界辐射的热能量与分子热运动的剧烈程度成正比，而分子热运动又与物体温度成正比，所以，物体温度越高，其所辐射的能量也越大，反之，物体温度低辐射的能量就越小。红外测温技术正是基于这个原理，通过测量并且使用电信号处理系统处理目标辐射的红外能量，从而得出目标的红外成像图，并且通过红外成像图分析物体温度的分布情况，从而发现设备存在的缺陷。

当温度有较小变化时，将会引起物体发射的辐射功率有很大变化。这种特性对红外检测很有利，检测到的信号强度很大，信噪比很高。当物体内部存在缺陷时，它将改变物体的热传导，使物体表面温度分布发生变化，红外检测仪可以测量表面温度分布变化，探测缺陷的位置，无缺陷及存在缺陷物体表面温度分布情况如图 2-44 所示，现场进行电气设备红外检测图像如图 2-45 所示。

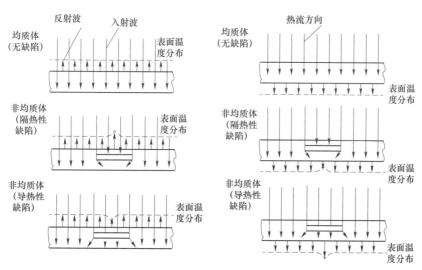

图 2-44 无缺陷及存在缺陷物体表面温度分布情况

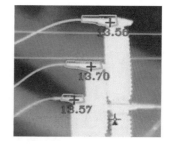

图 2-45 电气设备红外检测图像

机器人沿预设路线移动，在移动到检测点时，控制红外热像仪对变电设备进行拍摄，获取变电设备各个面的红外图像及最高温度值。

2.7.2 红外测温技术

红外测温技术主要利用红外热成像仪进行设备温度检测，通过整体温升特性、局部温升特性和温差变化作为判别设备是否存在故障缺陷的依据。

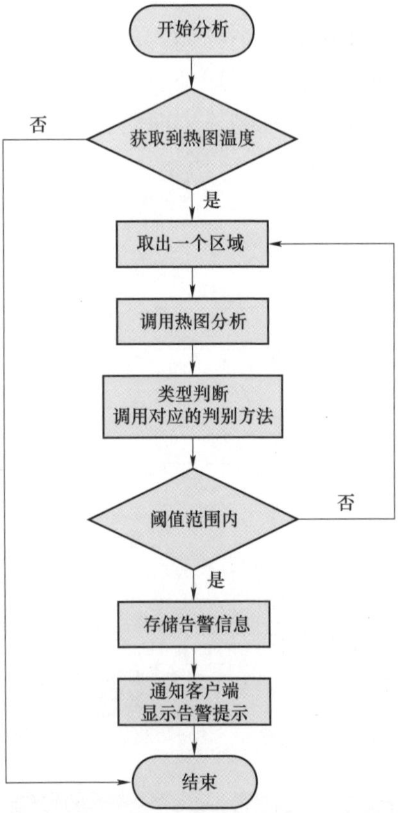

图2-46 缺陷分析流程图

机器人检测是一个模拟人工巡检设备的过程。机器人到达预定位置，获得巡检目标的最佳图像数据传输至监控后台并进行智能分析。红外图像中设备相互交叉、重叠，且不同设备形状各异，采用特征匹配的设备定位算法进行校正。

特征提取是使用计算机提取图像信息，判断每个图像的点是否属于一个图像特征。特征提取的结果是把图像上的点分为不同的子集，这些子集往往属于孤立的点、连续的曲线或者连续的区域。图像特征可分为点特征（角）、线特征（边缘）、面特征（区域）。

在红外诊断中，按照致热原理不同，将设备划分为电流致热性设备与电压致热型设备两种类型。在进行缺陷分析前，软件需提前判断设备的致热类型，然后调用对应的判别方法，缺陷分析的具体流程如图2-46所示。

2.7.3 电流致热型设备红外诊断技术

电流致热型设备是因电流效应引起发热的设备，其缺陷的红外诊断方法有表面温度判断法、相对温差判断法、同类比较判断法、实时分析判断法、档案分析判断法五种。现阶段软件主要采用前三种分析方法。

（1）表面温度判断法。根据测得的设备表面温度值，对照有关电力设备检测规范的相关规定，可以确定一部分电流致热型设备的缺陷。

（2）相对温差判断法。电力设备在正常运行时都会存在不同程度的发热，而这种热量按设计要求是允许的。若用热像仪对全部运行设备进行扫描检查时，发现存在异常温度点，然后对温度异常的部位进行重点检测，测出异常点的温度。为了判断是否为故障，应将异常点温度与正常运行时的温度进行比较，同时考虑周围环境条件的影响，最后根据设备的相对温差以及是否超出规定值，来确定设备是否存在发热缺陷。

相对温差是指两个对应测点之间的温差与其中较热点的温升之比的百分数。相

对温差 δ_t 可用式（2-11）求出：

$$\delta_t = \frac{\tau_1 - \tau_2}{\tau_1} \times 100\% = \frac{T_1 - T_2}{T_1 - T_0} \times 100\% \qquad (2-11)$$

式中

τ_1、T_1——发热点的温升和温度；

τ_2、T_2——正常相对应点的温升和温度；

T_0——环境温度参照体的温度。

因无法判定正常相温度，所以软件直接将三相最高温的最低值作为正常相温度，不存在三相关系的设备不进行相对温差判断。

（3）同类比较判断法。同类比较判断法包含三相之间的横向比较和不同设备同一部位的纵向比较。在电力回路中，大部分以三相形式输送电能，设备三相的材料相同，所以三相上升的温度是均衡的，则设备正常运行。当三相中的某一相或两相出现温度过高现象，可以判定温度高的相存在缺陷，其连接处可能存在松动、生锈，使其接触电阻增加，引起发热。

电流致热型设备的缺陷判断流程如图 2-47 所示，首先使用表面温度判断法，判断区域内的设备表面温度是否大于阈值，同时使用相对温差判断法对设备缺陷进行判断。

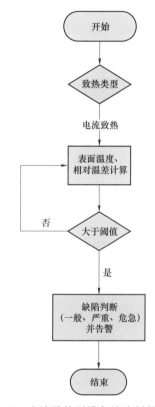

图 2-47 电流致热型设备缺陷判断流程图

2.7.4 电压致热型设备红外诊断技术

电压致热型设备是由于电压效应引起发热的设备，可采用同类比较判断法与图像特征判断法，进行设备发热缺陷的红外诊断。

（1）同类比较判断法。同类比较判断法的判断流程如图 2-48 所示。

（2）图像特征判断法。根据设备的正常状态和异常状态或同一设备三相间的红外热像，判断设备是否正常的方法。

2.7.5 检测方法及要求

2.7.5.1 一般检测环境要求

被检设备是带电运行设备时，尽量避开封闭遮挡物，如门和盖板等；环境温度一般不低于 0℃，相对湿度一般不大于 85%；天气以阴天、多云为宜，夜间图像质量为佳；不应在雷、雨等气象条件下进行，检测时风速一般不大于 5m/s；户外晴天要避开阳光直接照射或反射进入仪器镜头,在晚上检测应避开灯光的直射,宜闭灯检测。

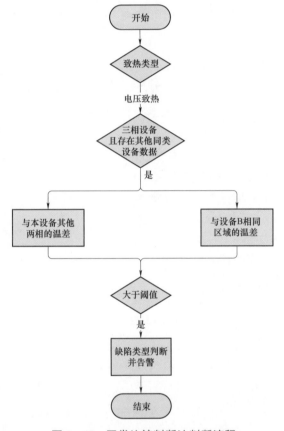

图 2-48 同类比较判断法判断流程

2.7.5.2 精确检测环境要求

除满足一般检测的环境要求外,还应满足以下要求:风速一般不大于 1.5m/s;设备通电时间不小于 6h,最好在 24h 以上;宜在阴天、夜间或晴天日落 2h 后进行;被检测设备周围应具有均衡的背景辐射,应尽量避开附近热辐射源的干扰,某些设备被检测时还应避开人体热源等红外辐射;避开强电磁场,防止强电磁场影响红外热像仪的正常工作。

2.7.5.3 检测方法及要求

(1)变压器。

1)变压器本体。

a. 检测与诊断:变压器本体温度是否按上热下冷的温度梯度分布,横向比较是否有明确温度差异。

b. 拍摄注意事项:① 聚集到位,本体刚好充满画面,四周留有适当空间;② 每台变压器从四个方向拍摄，建议高、低两个侧面拍整体和本体各一张图片，高压侧左面、右面主体各拍一张图片；③ 主变压器整体拍摄时，上至高压套管引线接头，下至主变压器底壳，留一部分地面，整体主变压器垂直居中；④ 主变压器本体拍摄时以主变压器本体部分的面为中心，遇遮挡时尽量取遮挡少的角度拍摄，并保持三相角度一致；⑤ 由于变压器温度受负荷影响较大，不宜与历史值比较。

2）变压器套管。

a. 检测与诊断：① 检查套管将军帽、将军帽引线接头三相之间是否有明显温度差异，参考电流致热型套管判断标准进行诊断；② 套管瓷套三相横向比较，若局部或整体温度有不小于 2k 的偏差，可判定为严重以上缺陷；③ 若套管存在明显油位分界面，可初步判断套管缺油；④ 套管末屏引线接头有无发热；⑤ 套管升高座三相之间是否有明显温度差异。

b. 拍摄注意事项：① 聚焦到位，套管刚好充满画面，四周留有适当空间；② 套管红外检测图像应包括引线接头、将军帽、套管和升高座；③ 保存高、中、低压套管及中性点套管。

3）冷却器。

a. 检测与诊断：① 冷却器温度是否与散热电动机开启状况一致（人工判断）；② 联管、阀门的温度是否上热下冷的分布；③ 各风扇电动机之间有无较大温度差异；④ 各个潜油泵位置温度有无较大的温度差异。

b. 拍摄注意事项：① 聚集到位，本体刚好充满画面，四周留有适当空间；② 由于变压器墙体遮挡，可选择合适角度拍摄；③ 变压器每侧冷却器保持一张图片，局部热点再单独拍摄。

4）储油柜。

a. 检测与诊断：① 检测本体及有载调压开关储油柜的油位是否正常（仅适用于隔膜式、胶囊式）；② 正常储油柜油面为清晰水平分界面，如果呈曲线，可判断为隔膜脱落；③ 检测联管阀门两侧温度，是否温度差异较大。

b. 拍摄注意事项：① 聚焦到位，储油柜刚好充满画面，四周留有适当空间；② 每个储油柜需要单独拍一张图片，可采用侧拍方式，即可观察到正面油位，也可观察到侧面油位。

（2）电流互感器。

1）检测与诊断：① 观察电流互感器进出线接头、变比接头、内连接部位，三相比较有无明显温度差异；② 观察电流互感器瓷套本体相同部位、三相横向比较，单台设备从上到下应温度分布均匀，无局部发热，如温度有 2K 的偏差，可判定为严重及以上缺陷；③ 电流互感器瓷套本体有明显温度分层界面且三相温度有差异，应检查是否缺油；④ 观察电流互感器末屏有无明显温度异常；⑤ 储油柜发热可判断为内触点发热缺陷；⑥ 观察附件部位是否有明显温度异常。

2）拍摄注意事项：① 聚焦到位，电流互感器刚好充满画面，四周留有适当空间；② 拍摄电流互感器红外图像应包括引线接头、储油柜、金属膨胀器、瓷套、底部油箱，尽量选择能观察到末屏、接地线及二次出线的位置进行拍摄；③ 每台电流互感器要单独拍摄，各保存一张图片。

（3）电压互感器。

1）检测与诊断：① 观察电压互感器进出线接头、接地线部位三相比较有无明显温度差异；② 观察电压互感器瓷套本体相同部位，三相横向比较，单台设备从上到下应温度分布均匀，无局部发热，温度有 2K 的偏差，可判定为严重及以上缺陷；③ 观察电压互感器油箱部位三相比较有无明显温度差异。

2）拍摄注意事项：① 聚焦到位，电压互感器刚好充满画面，四周留有适当空间；② 拍摄电压互感器红外图像应包括引线接头、瓷柱、油箱、底部，尽量选择能观察到接地线及二次出线的位置进行拍摄；③ 每天互感器要在同一距离单独拍摄，各保存一张图片。

（4）断路器。

1）检测与诊断：① 观察进出线引线接头有无温度异常；② 检测顶帽、中间法兰、瓷套有无温度异常；③ 断路器从上至下本体（包括支撑瓷柱）三相横向比较应无明显温度差异；④ 断路器操动机构有无温度异常。

2）拍摄注意事项：① 聚焦到位，断路器刚好充满画面，四周留有适当空间；② 拍摄断路器红外图像应包括两端引线接头、灭弧室、支柱、操动机构；③ 每相断路器要站在同一距离单独拍摄；④ 扫视端子箱是否有明显的电气元件发热。

（5）隔离开关。

1）检测与诊断：① 检测引线接头有无发热；② 检测转头、刀口、拐臂有无发热，从下往上拍；③ 检测支柱绝缘子有无局部发热。

2）拍摄注意事项：① 聚焦到位，隔离开关刚好充满画面，四周留有适当空间；② 整个隔离开关包括两端引线接头、动静触头、转头、刀口、支柱绝缘子；③ 每相隔离开关要站在同一距离。

（6）电抗器。

1）检测与诊断：① 观察电抗器两端进出线引线有无发热；② 观察电抗器本体温度是否分布均匀；③ 电抗器三相横向比较有无明显温度差异；④ 电抗器支撑瓷柱同类比较有无明显温度差异。

2）拍摄注意事项：① 聚焦到位，电抗器上至顶盖，下到支撑瓷柱刚好充满画面，四周留有适当空间；② 拍摄电抗器红外图像包括进出线两端引线接头、线圈主体、支柱绝缘子；③ 每相电抗器要站在同一距离单独拍摄；④ 现场拍摄时要对所有支柱绝缘子巡查；⑤ 对全部电抗器接地线用仪器进行扫视巡检。

（7）电容器。

1）检测与诊断：① 检测电容器熔丝本体有无温度异常；② 检测电容器引线

接头有无温度异常；③ 检测电容器小套管有无温度异常；④ 采用同类比较法观察电容器本体是否分布均匀。

2）拍摄注意事项：① 拍摄时注意检查电容器端子引线接入母线的情况；② 聚焦到位，电容器上到熔丝引线，下至电容器底部刚好充满画面，四周留有适当空间；③ 拍摄电容器红外图像引包括进出现线两端引线接头、电容主体；④ 温度异常电容器在同一张红外图像应包括进出线两端引线接头、电容主体；⑤ 温度异常电容器在同一红外图片中将正常参考电容器一起拍摄。

（8）避雷器。

1）检测与诊断：① 同相部位，三相横向比较，如温度有 0.5～1K 的偏差，可判定为严重及以上缺陷；② 单台设备从上到下应温度分布均匀，无局部发热。

2）拍摄注意事项：① 聚焦到位，避雷器居中充满画面，四周留有适当空间；② 拍摄避雷器红外图像应包括引线接头、瓷柱、底座；③ 每台避雷器要站在同一距离单独拍摄。

（9）电力电缆。

1）检测与诊断：① 观察电缆终端引线接头、护层接地线有无明显发热；② 观察电缆终端设备从上到下是否温度分布均匀，无局部发热；③ 电缆终端本体相同部位，三相横向比较，如温度有 1K 的偏差，可判定为严重及以上缺陷；④ 电缆终端根部及尾管有无局部发热。

2）拍摄注意事项：① 聚焦到位，电缆终端刚好充满画面、四周留有适当空间；② 拍摄电缆终端红外图像应包括引线接头、瓷套或伞裙、尾管、护层接地线；③ 每个电缆终端要站在同一距离单独拍摄。

（10）绝缘子。

1）检测与诊断：① 检测支柱绝缘子表面，有无明显温度异常，横向、纵向比较温度差是否较大；② 悬式瓷绝缘子或玻璃绝缘子钢帽温度偏高，温差超过 1K 为低值绝缘子；③ 悬式瓷绝缘子或玻璃绝缘子钢帽温度偏低，温差超过 1K 为零值绝缘子；④ 悬式瓷绝缘子或玻璃绝缘子，支柱绝缘子以绝缘子局部温度偏高，温差超过 0.5～1K；⑤ 合成绝缘子在球头部位或绝缘良好和绝缘劣化结合处允许温差为 0.5～1K。

2）拍摄注意事项：① 聚焦到位，扫视设备区绝缘子、瓷柱等绝缘设备；② 绝缘子红外图像刚好充满画面，四周留有适当空间，对温度异常设备进行拍摄，同类比较设备遥站在同一距离单独拍摄，设备在画面中水平居中。

变电一次设备红外测温机器人报警值标准

第3章
巡检系统组成

变电站巡检机器人系统由机器人本体、监控系统、机器人室、微气象系统等组成。变电站巡检机器人通过本地监控系统和集中监控系统进行管理，与生产管理系统等实现信息交互，如图3-1所示。

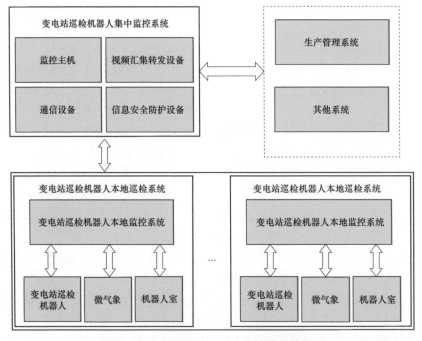

图3-1　变电站巡检机器人巡检系统结构图

3.1　机　器　人　本　体

变电站巡检机器人本体一般由底盘单元、供电单元、传感单元、控制单元及导航单元共同组成。底盘单元驱动机器人移动；供电单元为机器人各功能模块进行供电；传感单元负责可见光、红外、声音信息等采集；控制单元对各传感数据进行处理及对执行机构进行控制；导航单元实现机器人定位导航。变电站巡检机器人本体结构见图 3－2。

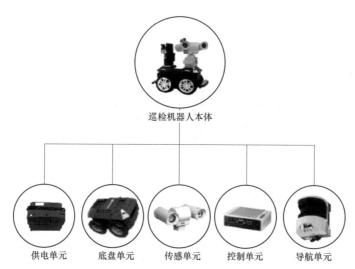

图 3－2　变电站巡检机器人本体结构示意图

3.1.1　底盘单元

变电站巡检机器人底盘驱动单元由直流电动机、电动机驱动模块、电动机传动机构以及轮胎等构成。通过理论力矩计算、动力学仿真及电动机、减速箱和定轴齿轮的传动设计、差速控制，可完成原地转弯、越障、涉水及爬坡等运动功能。底盘单元见图 3－3。

图 3－3　变电站巡检机器人底盘单元

3.1.2　供电单元

变电站巡检机器人采用蓄电池供电。通过分析设备耗能状况，按满足连续运行 8h 设计要求，根据蓄电池放电曲线、尺寸信息等选取蓄电池。

3.1.3　传感单元

变电站巡检机器人传感单元一般包含可见光摄像头、红外热像仪和超声传感器等。

3.1.3.1 可见光摄像头

可见光摄像头见图 3-4，采用日夜型网络高清一体机，具有曝光补偿、白平衡自调节等功能，可适应于各种光照条件下的拍摄。

3.1.3.2 红外热像仪

红外热像仪见图 3-5，通过监控后台可查看实时热图像，实现对检测设备温度测量。

图 3-4 可见光摄像头　　　　　　　图 3-5 红外热像仪

3.1.3.3 一体化云台

一体化云台见图 3-6。其防护等级高，内置浪涌及雷击保护装置以及数据断电记忆功能，具有超强抗震特性；可观测范围广、定位精准。同时，一体化云台配备照明及自动雨刷功能。

3.1.3.4 超声传感器

变电站巡检机器人一般采用超声传感器（见图 3-7）实现遇到障碍物停止（停障）功能，其一般配置 6 个传感器，兼顾对高位、低矮障碍物的识别。

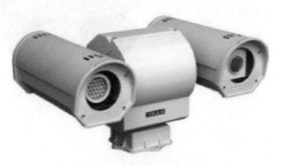 

图 3-6 一体化云台　　　　　　　图 3-7 超声传感器

3.1.4 控制单元

变电站巡检机器人控制单元负责对各传感数据进行处理、运算及对执行机构进行控制。控制单元主控芯片具有高主频、温度宽、高可靠等特点，采用精简指令集计算机 RISC（Reduced Instruction Set Computing）架构设计，采用低功率、无风扇散热设计，各接口均采用隔离技术，采用工业级固态硬盘，确保在各种恶劣环境的长期稳定可靠运行。

3.1.5　导航单元

导航单元由激光雷达、惯性测量单元、编码器等组成，通过多种传感器的信息融合与精确计算，实现机器人精确定位。

变电站巡检机器人的导航传感器以远距离激光雷达为核心，辅以惯性测量单元和编码器，通过信息融合的方式进行定位计算。激光雷达是扫描二维（或三维）地形的传感器件，通过激光照射到障碍物返回的时间精确计算周边障碍物到传感器的距离，如图 3 - 8 所示。

变电站巡检机器人采用地形精确匹配技术进行无轨化导航。变电站巡检机器人首次进入巡检环境时，将通过激光雷达对周边环境进行扫描，通过同步地图构建与定位算法生成环境地图。在巡检过程中，通过将激光实时扫描的地形与环境地形进行精确匹配，实现机器人定位，见图 3 - 9。

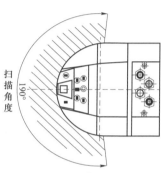

图 3 - 8　定位导航示意图

图 3 - 9　定位导航方案

由于激光雷达扫描到的地形特征容易受到外界干扰，为了确保导航的精度和可靠性，机器人采用惯性导航技术辅助激光雷达地形匹配的技术补充。惯性测量单元通过测量车体的加速度与角速度，与编码器进行信息融合，生成精确的轨迹递推运动模型。

通过激光雷达、惯性测量单元与编码器的信息融合，使得机器人能够在复杂室外环境中，以及激光数据受到干扰、车轮打滑等复杂情况下，采用传感器数据的冗余与交叉诊断技术，对受到干扰的信号进行隔离，保证机器人导航的可靠性。

3.2 监 控 系 统

3.2.1 本地监控系统

本地监控系统由监控主机、通信设备、监控分析软件和数据库等组成，安装于变电站本地，见图 3－10。

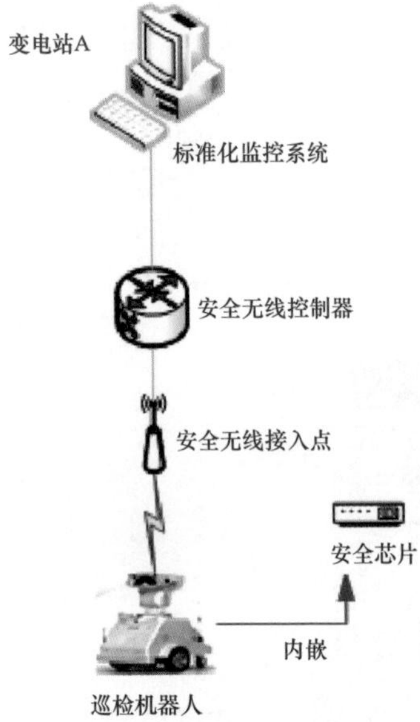

图 3－10 变电站巡检机器人
监控系统架构图

本地监控系统预留与变电站辅助监控系统协同联动的交互接口，接口间安装防火墙，增强网络安全。

变电站巡检机器人监控系统功能包括机器人管理、任务管理、实时监控、巡检结果确认、未巡检点位查询、巡检结果分析、用户设置、机器人系统调试维护八大模块。见图 3－11。

（1）机器人管理模块：主要实现机器人远程遥控（包括云台和本体控制）和机器人状态监测。

（2）实时监控模块：主要实现视频监视、巡检上报信息查看及机器人控制等功能。

（3）任务管理模块：主要实现全面巡检、例行巡检、专项巡检、自定义任务、地图选点、任务展示、设备告警设置及巡检优先级设置等功能。

（4）巡检结果确认模块：主要包括设备告警查询确认、主接线展示、间隔展示、巡检结果浏览及巡检报告生成功能。

（5）未巡检点位查询模块：未巡检点位为在设置机器人巡检任务时，因某些特定原因，某些巡检点无法正常进行巡视，在监控系统中，以文档的形式显示在网页中，告知用户未巡检的原因。

（6）巡检结果分析模块：主要实现对比分析、生成报表等功能。

（7）用户设置模块：主要实现用户权限管理功能。

（8）机器人系统调试维护模块：主要实现巡检地图维护、机器人参数设置、机器人数据库维护等功能。

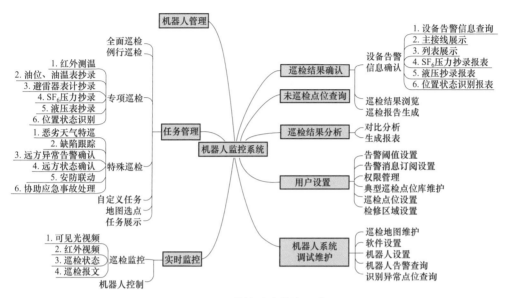

图 3－11　监控系统模块组成

3.2.2　集中监控系统

3.2.2.1　系统构成

集中监控系统由以下几部分构成，见图 3－12。

（1）监控主机：实现机器人控制与信息展示等，包含综合应用服务器、数据服务器等。

（2）综合应用服务器：与本地监控系统实时交互，并对其数据集中管理、存储和分析。

（3）数据服务器：实现集中监控系统数据的存储与管理，宜采用成熟关系数据库，支持多用户并发访问，支持高频率、大容量数据的存储。

（4）通信设备：为机器人、本地监控系统、集中监控系统提供通信服务，包括交换机、路由器、通信辅助设备等。

（5）信息安全防护设备：实现集中监控系统信息安全防护，包括纵向加密认证装置、横向物理隔离装置等。

（6）视频汇集转发设备：实现多个变电站机器人视频的汇集管理及转发预览。

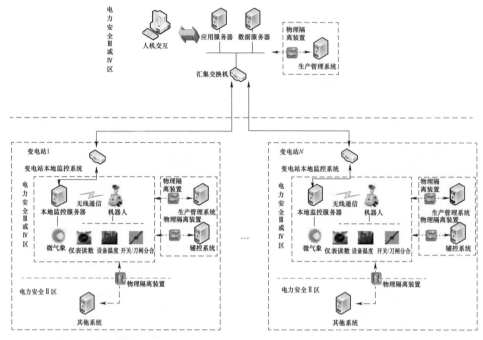

图 3-12　变电站机器人集中监控系统结构示意图

3.2.2.2　系统交互

变电站巡检机器人集中监控系统整体结构和其他系统信息交互关系如图 3-12 所示。相关要求如下：

（1）构建多变电站全景数据，满足数据完整性、准确性和一致性的要求。

（2）实现多变电站信息统一存储和处理，提供统一规范的数据访问服务。

（3）本地监控系统接入集中监控系统，通过采用基础数据定时同步、控制指令实时操作、业务数据主动上送、视频图像实时传输以及巡检地图离线更新等方式，实现远程集中管理、监视、控制功能。

（4）符合中华人民共和国国家发展和改革委员会令第 14 号《电力监控系统安全防护规定》的要求。

3.2.2.3　系统功能

（1）系统模块。

1）变电站管理：变电站信息可通过集中监控系统手动录入、本地监控系统或生产管理系统（全称）获取。内容包括变电站名称、本地监控服务器 IP 地址、变电站编号。

2）电压等级管理：电压等级可通过集中监控系统手动录入、本地监控系统或生产管理系统获取。内容包括电压等级、电压等级编号。

3）间隔管理：间隔可通过集中监控系统手动录入、本地监控系统或生产管理系统获取。内容包括间隔名称、间隔编号。

4）变电设备管理：变电设备可通过集中监控系统手动录入、本地监控系统或生产管理系统获取。内容包括变电设备名称、变电设备编号。

5）设备部位管理：设备部位可通过集中监控系统手动录入也可通过本地监控系统获取。内容包括设备部位名称、设备部位编号。

6）机器人管理：机器人信息可通过集中监控系统手动录入也可通过本地监控系统获取。内容包括机器人名称、机器人厂家、机器人型号。

7）巡检任务管理：巡检任务信息可通过集中监控系统手动录入也可通过本地监控系统获取。内容包括巡检任务名称、巡检任务需巡检的设备部位集合。

8）权限管理：应包括功能权限和管理权限。其中功能权限指用户可操作的功能，管理权限指用户可管理的变电站范围；权限管理应包括用户管理、角色管理等功能，角色权限分为普通用户、管理员、超级管理员；普通用户可进行任务管理、实时监控、巡检报告查看、设备告警查询、巡检结果分析、系统告警查询等；管理员在普通用户基础上，可进行用户设置模块的功能维护；超级管理员可进行系统各模块、功能的全面编制、修改；集中监控系统界面应根据登录用户的权限做出区分展现。

（2）数据处理。集中监控系统应支持数据的跨站查询，单一设备或多设备查询。

1）巡检数据查询及确认：巡检数据应包括测温、仪表读数、油位指示、断路器/隔离开关分合状态等；可按照有无报警、巡检任务、时间段、设备名称、设备类型等组合条件实现巡检数据的查询、浏览、输出等功能；可支持巡检数据图表显示，包括列表、曲线等；应具备巡检数据查询结果确认功能、报警信息查询及确认；系统应在巡检任务完成后自动生成巡检报告，并具备导出、打印等数据输出功能。

2）变电设备报警信息：报警信息应包括超温越限、温升越限、三相对比、仪表越限、位置状态等；报警信息分类规范，按照报警类型、报警级别等条件实现报警信息的查询、浏览、输出、统计分析等功能；支持报警信息图表显示，包括列表、曲线等；具备报警信息查询结果确认功能。

3.2.2.4　集中监视

集中监控系统可同时预览多个变电站机器人本地巡检系统可见光、红外视频画面，可查看机器人运行状态、报警信息、通信状态、实时巡检结果等，信息应能实时传输。

（1）机器人状态监视。

1）机器人任务执行状况：任务启停状态、巡检任务名称、当前巡检设备名称、巡检设备总数、已巡检设备数、告警设备数、预计剩余巡检时间、任务性质等。

2）机器人电量：当前电量信息和充放电状态。

3）机器人控制权：当前是否具有远程控制权。

4）机器人运行信息：机身温度、运动速度、云台的水平和垂直位置以及相机当前变倍等机体信息。

5）机器人模块信息：驱动模块信息、电源模块信息、系统模块信息等。

巡检地图应包括设备（分相）和道路等静态信息和机器人巡检路线、当前位置等动态信息，支持全图或局部缩放功能；直观展示机器人当前巡检任务的巡检路线，已巡检路线和设备与未巡检路线和设备应以不同颜色区分；明显标识机器人当前位置、巡检行进方向、观测方向；在巡检地图上突出展示当前巡检任务信息和设备告警信息；在巡检地图上展示机器人不可经过路径或封闭路径。巡检地图由本地监控系统提供，地图格式及分辨率由集中监控系统统一约束。

（2）设备报警信息监视。集中监控系统应实时显示本地监控系统产生的报警信息。报警类型应包括超温报警、温升报警、三相对比报警、仪表报警、位置状态报警。实时显示所辖全部变电站的温度、湿度、风速等微气象信息。

展示集中监控系统所辖全部变电站地理位置示意图，显示所辖全部变电站巡检任务执行状况；实时显示所辖全部变电站当前巡检任务产生的变电设备报警数量。具备设备布局展示、巡检线路展示、机器人位置展示、任务信息展示等功能。

（3）系统通信状态监视。集中监控系统应能实时显示本地监控系统与集中监控系统的通信状态、本地监控系统与机器人的通信状态、本地监控系统中可见光视频的通信状态、本地监控系统中红外视频的通信状态、本地监控系统中微气象设备的通信状态。

3.2.2.5　机器人控制

集中监控系统可采用切换变电站操作的形式，实现对接入变电站机器人的集中控制，其控制优先级低于本地监控系统。集中监控系统可获取和释放机器人控制权，获取控制权后若30min内未操作机器人，将自动释放控制权。机器人控制方式包含任务控制及手动控制。

（1）任务控制。通过下发巡检任务，控制机器人开展对应巡检。

1）例行巡检：应实现对任一机器人例行巡检任务的启动和停止以及一键返回充电点功能，巡检内容应包括除红外测温外的表计、状态指示、外观及辅助设施外观、变电站运行环境等。

2）全面巡检：应具备快速生成全面巡检任务功能，巡检内容应包括表计、状态指示、测温、外观及辅助设施外观、变电站运行环境等。

3）特殊巡检：应具备快速生成特巡任务功能，包括迎峰度夏（冬）、雷暴天气、防汛抗台、雨雪冰冻、雾霾天气、大风天气等。

（2）手动控制。通过切换至手动控制模式，实现对机器人本体实时控制。

1）运动控制：应实现任一变电站机器人前进、后退、转弯、停止等运动控制。

2）云台控制：应实现对任一变电站机器人云台上、下、左、右、停止、复位等控制。

3）可见光视频控制：应实现对任一变电站可见光视频的播放、停止、抓图、录像、回放、变焦等。

4）红外视频控制：应实现对任一变电站红外视频的播放、停止、抓红外热图、录像、回放、红外手动和自动聚焦、红外重启等。

5）音频控制：应具备现场语音对讲、音频录制、回放等控制功能。

6）辅助设备控制：应具备辅助设备的控制功能，包括雨刷开关、自动门开关、充电动机构等。

3.3　机　器　人　室

机器人室用于机器人的自主充电及日常停放，采用镀锌钢管、防腐木板、防水卷材、黑色沥青防水瓦等制作而成，占地面积约 2～4m²。机器人室室内按需配备空调、控制箱、自主充电桩、自动卷帘门等设备。室内充电设备电源采用 AC220V/380V 电压。

机器人室外观见图 3－13。

图 3－13　机器人室

3.4　通　信　网　络

3.4.1　网络架构

机器人本体通过工业级无线 AP 与本地监控端的无线 AP 建立网络连接，本地监控端通过硬件防火墙与专网连接到集中监控端。机器人通信网络方案包括单站和集群化网络控制方案。

机器人通信网络架构图如图 3 – 14 所示。

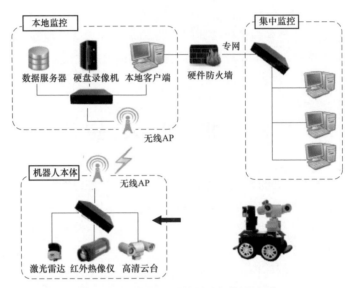

图 3 – 14　机器人通信网络架构示意图

3.4.1.1　单站无线网络方案

根据变电站巡检区域范围，采用一个或多个无线 AP 构建站端无线网络，确保变电站内无线网络全覆盖。机器人本体布置工业级无线 AP，与站端无线 AP 相连。站端无线 AP 架设在室外的 AP 箱内，与本地监控后台交换机通过光纤相连。

站端无线 AP 一般部署在巡检区域中心位置。当巡检区域过大需要布置 2 个及以上 AP 时，可以将巡检区域平均分为两个及以上区域，无线 AP 分别布置在各区域的中心位置，以达到良好的覆盖效果。当巡检区域内存在多个 AP 时，通过"零切换漫游"功能构成整体网络，确保网络无缝连接。

3.4.1.2　集群化控制网络方案

本地监控系统通过防火墙与专网，连接到集中监控系统。如图 3 – 15 所示。

3.4.2　数据通信

机器人本体与本地监控系统采用专有协议实现数据交互，本地监控系统与集中监控系统采用 IEC 61850 标准协议进行数据交互。

本地监控系统宜采用 C/S 架构，与机器人本体通过高实时性的 Suro-OS-RT 分布式协议，采用 TCP/IP 点对点连接的方式进行数据传输，传输内容包括：

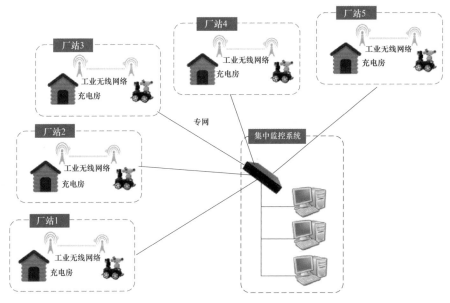

图 3-15 集控网络方案示意图

（1）高实时性数据。

1）中低密度数据：机器人实时状态、巡检数据与图片信息、实时遥控指令等。

2）流媒体数据：可见光 H264 高清压缩视频流、红外热像仪 MPEG4 压缩视频流、音频流等。

（2）事务性数据。巡检任务下达，巡检报表上传等。

集中监控系统采用 B/S 架构，便于数据访问以及与其他系统的集成，在通信协议方面采用通用的 IEC 61850，并提供标准 WebService 接口，所交互的数据包括：

1）高实时性数据。中低密度数据：机器人实时状态、实时巡检数据与图片信息等。

2）事务性数据。巡检任务下发，任务的暂停与取消，巡检报表的上传等。

以上两类连接设计对比如表 3-1 所示。

表 3-1 设 计 对 比 表

名称	本体〈-----〉本地端	本地端〈-----〉程端
部署地址	厂站	运维站
通信协议	专有协议	IEC 61850/WebService
传输数据	高密度实时数据 低密度实时数据 事务性数据	低密度实时数据 事务性数据

名称	本体〈－－－－－－〉本地端	本地端〈－－－－－－〉远程端
通信实时性	高	中
应用程序架构	C/S	B/S
传输带宽	100Mbit/s 无线网络	取决于专网带宽
安全等级	中	高
数据持久化	分布式存储	集中存储
实时遥控	支持	采用专用软件可支持
第三方集成与扩展性	专用系统，不开放	通用接口，开放接口

3.4.3　网络安全

3.4.3.1　无线网络的通信安全性设计

（1）物理层的安全性设计。机器人无线通信设备采用 OFDM 调制技术，一方面可实现高速率、长距离的无线通信，另一方面由于物理层采用高阶调制，通过 OFDM 技术在高速的射频上对传送的信号进行编码，让被传输的信号在传输过程中不容易被窃取，使得常规的无线设备难以与其实现物理层同步，从而保证信号传送具有更高的安全性。

（2）网络层的安全性设计。通过配置无线网桥安全选项，可提高无线网络的安全性。禁止广播服务集合标识符。对可接入无线设备的 MAC 地址进行控制，只允许接入移动机器人的无线网桥。接入点 AP 根据用户的身份认证结果决定是否允许其接入无线网络中；网线网桥支持 MAC 地址绑定和过滤功能，只有指定的 MAC 地址和 IP 地址的计算机发出的报文才能通过指定端口转发。此外，可在固定无线网桥与监控后台的交换机之间增加硬件防火墙或网络安全隔离装置。

（3）应用层的安全性设计。为加强系统无线通信的安全性，在监控系统应用层再增加自定义的安全机制。即采用加密算法将监控后台与机器人之间的通信据进行二次加密，加密密钥根据时间动态更新。机器人本体和监控系统间通信前，首先要通过身份认证，通过认证后才能取得机器人的控制权；在身份识别的基础上，根据身份对提出的资源访问请求加以控制，访问控制中约定了保护规则，定义了控制系统和机器人本体的相互访问和作用的途径。

（4）工程应用的安全性措施。工程现场在配置通信参数时，确保满足机器人无线通信要求的情况下，尽量采用低发射功率，避免覆盖面积过大，降低安全风险。

3.4.3.2　无线网络安全

在无线网络安全方面，通过以下措施提升无线网络安全：

（1）无线口令安全加固：机器人本体和本地端的无线 AP 采用 WPA2 安全模式，在此基础上，加固无线网络用户口令：采用 16 位由字母（大小写）、数字、字符组成的高强度密码，且密码中不能包含用户名的字母组合；每隔 6 个月修改一次登录密码。

（2）隐藏无线网络的 SSID（service set identifier）：设置 AP 无线网络接入点 SSID，使攻击者无法扫描到无线网接入点，降低被攻击的可能。

（3）启用无线认证：启用 MAC 地址过滤功能，只将机器人内部网桥设备加入该接入点 AP 的 MAC 地址访问控制列表中，确保只有合法设备才可接入无线网络。

（4）限制无线网络覆盖范围：无线网络的覆盖范围取决于设备发射功率。在工程实施时，根据不同站所的大小和环境，在满足机器人正常通信前提下，调整发射功率至最低值，以达到限制无线网络覆盖范围，减少通过泄露的无线信号进行网络攻击的可能性。

3.4.3.3　本地局域网安全

机器人本体与本地监控后台上位机和下位机都设置软件防火墙出入站规则，仅在白名单中的 IP 可以进行网络通信，从而降低非法 IP 设备接入的风险。

机器人本体与本地监控后台通过软件防火墙进行交互，该防火墙通过识别 Suro-OS-RT 专有协议，对不符合该通信协议的数据包进行隔离。通过设置软件防火墙的入站、出站规则，仅允许通过合法端口进行网络通信。

3.4.3.4　内网（专网）安全隔离

本地端与远程集控端通过硬件防火墙和专网连接，提供多种攻击防范技术，包括 Land、Smurf、Fraggle、WinNuke、Ping of Death、Tear Drop、IP Spoofing、SYN Flood、ICMP Flood、UDP Flood、ARP 欺骗攻击的防范等，可以防范大多数网络上存在的攻击。

3.4.3.5　主机与数据库

恶意代码检查：信息网络安全最常见的威胁之一就是计算机病毒，为了保证系统内数据不受病毒破坏而正常运行，需要在客户端、工控机服务器等设备上安装防病毒软件，防止病毒入侵服务器并扩大影响范围，实现机器人系统的病毒安全防护，在安装防病毒软件的基础上，定期更新防病毒软件的数据，以阻止新病毒的破坏。从技术层面来看，杀毒软件从四个方面确保系统安全，即预防、检测、杀毒、免疫。

（1）默认共享：首先必须删除不需要的盘符$，admin$等默认共享。由于机器人系统需要通过远程桌面服务进行维护，且巡检的高清图像也是通过网络共享文件夹方式进行上传，因此不能关闭 IPC$及网络共享。为降低由此带来的网络安全风险，仅通过允许的 IP 主机进行访问，设置符合强口令要求的密码，删除 IPC$空连接的方式提升网络安全性。

（2）系统漏洞及补丁升级：补丁管理员定期通过微软的补丁发布通告（每月第二个星期二）了解最新版本信息，并关注国家互联网应急中心安全通告。补丁管理员在提出补丁更新通知时，必须先由补丁管理员进行补丁分析，进而确定补丁的严重等级。补丁测试环境要最大限度地模拟目标，此环境由操作系统管理员和应用系统管理员准备，但要确保测试环境与正式生产环境的一致性及可用性。系统管理员要根据补丁级别制定并记录补丁分发计划，分批安装，所遵循原则为优先级高的补丁、资产价值大的系统优先安装，确定顺序后，组织相关人员进行补丁安装。

（3）数据安全：数据口令参考系统的复杂密码策略进行设置，避免弱口令带来的安全风险。同时对 SQL Server 打上最新的 SP4 补丁集，防止通过 XP_cmdshell 漏洞进行网络攻击。定期自动启用数据整体异地备份，以及启用数据增量备份功能，确保数据安全。

（4）安全审计策略：检查并启用监控后台操作系统的应用程序日志、安全日志、系统日志功能。设置账户策略、本地策略、高级审核策略，便于进行安全审计。

（5）关闭监控后台系统多余网络服务：关闭监控后台不需要开启的多余网络服务：包括 Telnet，IIS，FTP 打印服务、多媒体服务等后台服务。

（6）移动介质：系统的 USB 端口通过软件禁用移动存储介质读写功能，并物理封闭端口，杜绝通过移动 USB 设备泄漏机密及引入病毒的可能。使用公司统一安全 U 盘进行数据拷贝，并做好审批及记录工作。

3.4.3.6　设备安全口令

机器人相关的前端设备包括 AP，高清摄像机、红外热像仪、激光雷达、视频服务器，AC，路由器等。以上设备的口令都需要使用复杂密码口令，并且定期更新。

使用漏洞扫描器对前端设备进行扫描，查看是否存在 FTP、telnet 等弱口令，及时关闭不需要的服务。

3.4.3.7　其他

移动介质：现场每季度检查移动介质使用情况，检查系统服务器 USB 端口是否关闭，并对外部监控后台系统的 USB 端口通过软件禁用移动存储介质读写功能，杜绝通过移动 USB 设备泄漏机密及引入病毒的可能。必要时使用统一安全 U 盘进行数据拷贝，并做好审批及记录工作。可采用以下方法进行数据备份：

（1）数据库定时备份：现场设置数据库定时自动全备份和增量备份策略，确保数据安全。

（2）第三方计算机：现场每季度检查第三方运维计算机的接入情况，并做好记录，此外，定期核查第三方运维计算机采取的技术防护手段，以确保第三方计算机安全接入。

3.5 微 气 象 系 统

微气象系统监测大气温度、大气湿度、风速、风向、气压、雨量等主要气象要素，并能实时远程监视，能够有效地提高机器人的任务适应性。微气象传感器一般布置在变电站主控楼的房顶，采用串口或网络输出，方便用户直接通过 PC 或外界仪器采集数据。

微气象系统分为一体化、分体式微气象系统两种，可针对不同需求进行配置。

3.5.1 一体化微气象系统

一体化微气象系统集成多种气象传感器，如图 3-16 所示。

超声风传感器　雨量传感器
CPU板
PTU模块
接线端子

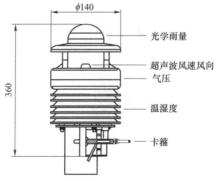

φ140
360
光学雨量
超声波风速风向
气压
温湿度
卡箍

图 3-16　一体化微气象站

技术要求：

（1）9～30V 宽电源电压输入范围。

（2）电气接口 IP65。

（3）超低功耗（0.2W），特别适用于功耗要求较高的电池供电系统。

（4）具有测量数据存储功能（1～12月），保证了测量数据的完整。

（5）具有日历时钟功能。

（6）室外使用寿命大于 10 年。

3.5.2 分体式微气象系统

分体式微气象系统由多类环境传感器组成，一般包含温湿度传感器、风速传感器、雨量传感器等。

3.5.2.1 温湿度传感器

温湿度传感器包括一个电容式聚合体测湿元件和一个能隙式测温元件，并与一个 14 位的 A/D 转换器、串行接口电路进行远程连接。温湿度传感器参数见表 3-2。

表 3-2   温 湿 度 传 感 器 参 数

序号	种类	测量范围	精确度	分辨率
1	温度	-20～60℃	±0.5℃	0.01℃
2	湿度	0～100%RH	±4.5%RH	0.05%RH

3.5.2.2 风速传感器

风速传感器采用传统三风杯结构，风杯选用碳纤维材料，强度高，启动好；杯体内置的信号处理单元，可根据用户需求输出相应信号，如图 3-17 所示，风速指标见表 3-3。

图 3-17　风速传感器

表 3-3   风 速 指 标

序号	测量范围	精确度	分辨率	启动风速	输出信号
1	0～45m/s	(0.3 + 0.03V) m/s（V：风速）	0.1m/s	≤0.5m/s	脉冲

3.5.2.3 雨量传感器

气象站常用翻斗雨量传感器测量液体降水。

　　翻斗雨量传感器由承雨口、上翻斗、计量翻斗、计数翻斗和调节螺钉、干簧管等组成。上翻斗与汇集漏斗使不同强度的降水积聚成近似固定强度的量，通过汇集漏斗节流管，使注入计量翻斗的雨水成为一股一股的水流，其流量相当于 6mm/min。承雨口面积为 $314cm^2$，变换电路原理如图 3-18 所示。

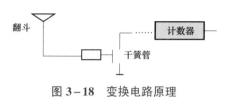

图 3-18　变换电路原理

第4章
施工建设及验收

变电站巡检机器人部署实施分为设计、施工、调试、验收四个环节，总体实施流程如图4-1所示。

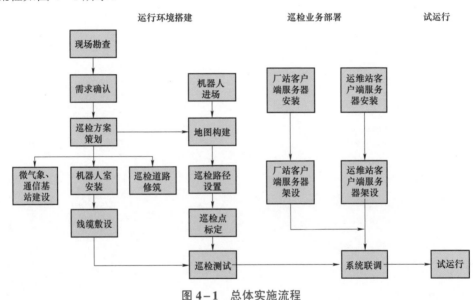

图4-1 总体实施流程

4.1 设计阶段

4.1.1 勘察阶段

在机器人项目开工前，运维单位应与施工单位联合开展现场勘查，确定机器人室、本地监控后台、微气象、无线通信基站等设备的安装位置，明确机器人室电源接入所用屏柜的接入方案、巡检道路设计、全站巡检点位统计、调试要求等。施工单位结合现场勘查的结果和运维单位的要求，绘制道路施工平面布置图（见图 4-2）、新建巡检道路尺寸示意图（见图 4-3）、机器人室设计图（见图 4-4）、电缆走向图（见图 4-5）、机器人室结构示意图（见图 4-6）、机器人室定位图（见图 4-7）、微气象设备定位图（见图 4-8）等。

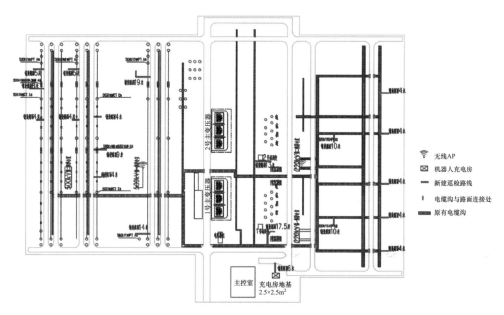

图 4-2　道路施工平面布置图

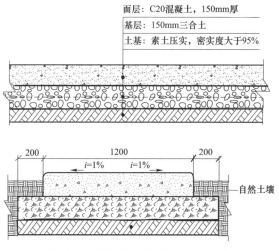

图 4-3　新建巡检道路尺寸示意图

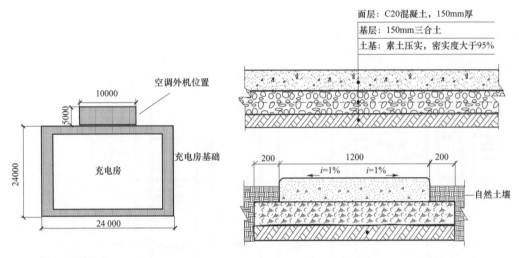

基建工程量说明：

1. 新铺设路面共计 164m，其中路面 152.5m，电缆沟和路面接头处共处理 23 处（按 0.5m 算）。

2. 充电房地基面积 2.4×2.4m²，空调外机安装面积 0.5×1m²（充电房基础图看上图左），高程要求同路面铺设。

3. 新铺设路面采用不大于 5°斜坡与原路面或电缆沟连接，其他部分高程按规范要求（看上图右）。

土方量计算：

三合土：164×0.15×1.4 + 2.8×2.8×0.15 + 0.7×1.2×0.15 = 35.742m³

混凝土：164×0.15×1.2 + 2.4×2.4×0.15 + 0.5×1×0.15 = 30.459m³

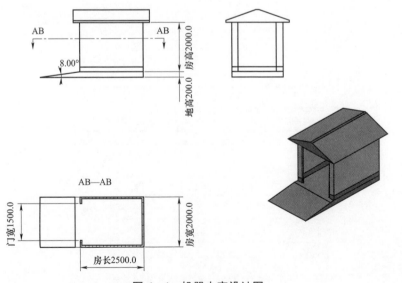

图 4-4 机器人室设计图

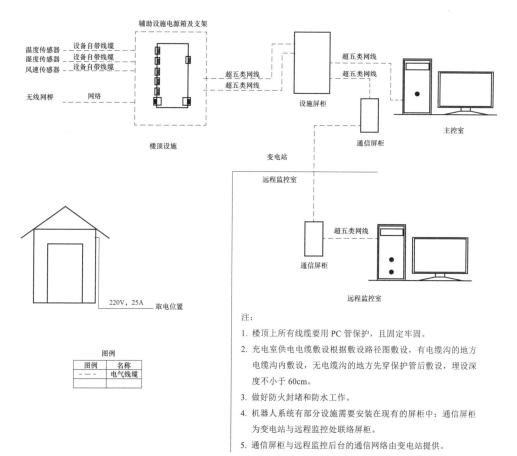

注：

1. 楼顶上所有线缆要用 PC 管保护，且固定牢固。

2. 充电室供电电缆敷设根据敷设路径图敷设，有电缆沟的地方电缆沟内敷设，无电缆沟的地方先穿保护管后敷设，埋设深度不小于 60cm。

3. 做好防火封堵和防水工作。

4. 机器人系统有部分设施需要安装在现有的屏柜中：通信屏柜为变电站与远程监控处联络屏柜。

5. 通信屏柜与远程监控后台的通信网络由变电站提供。

图 4-5　电缆走向图

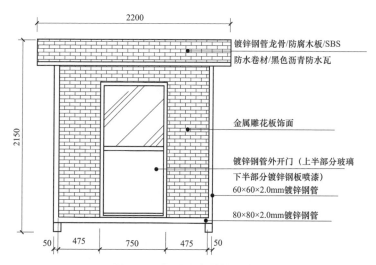

图 4-6　机器人室结构示意图

图 4-7　机器人室定位图

图 4-8　微气象设备定位图

4.1.2　审核阶段

设备运维单位组织设计评审会,施工单位应提交人员资质名单、机器人现场勘察记录表、机器人施工方案及图纸、机器人组织技术安全措施工程开工报告、工程开工报审表、施工方案(措施)报审表等资料进行审核。重点审核以下内容:

(1)现场新增道路、机器人室施工技术要求,应满足现场道路巡检要求,新增巡检通道结构设计和修筑类型宜参照站内主干道路设计规范。

(2)检查巡检路径或道路是否满足全站设备 100%覆盖率要求,应避免或少用走电缆盖板的道路;如需采用迂回路线,路径尽量呈回字型,满足拍摄角度近,表计数据采集清晰原则,并充分考虑后续设备扩建的冗余要求。

(3)电源接入方案及电缆走向施工图,应满足设备安全可靠要求,空气开关配置需符合回路级差要求,施工完成后,应出具竣工图纸。

(4)机器人巡检点位设置应满足有关技术要求,满足巡检点位设置原则。

4.2　施　工　阶　段

4.2.1　巡检道路

4.2.1.1　巡检道路一般敷设要求

（1）巡检通道单侧散水坡度 1%～2%，巡检通道连接处落差小于 10mm，间隙小于 10mm。

（2）巡检通道宜采用混凝土、沥青、工字砖或面包砖道路，可利用电缆盖板作为巡检通道的一部分。

（3）在巡检通道正上方 1.4m 内不应有影响机器人运行的设备、构架、栅栏、基座等。

（4）新增巡检通道结构设计和修筑类型宜参照站内主干道路设计规范。

（5）巡检通道新增或借用电缆盖板时，应保证巡检通道与主干道路连通。

4.2.1.2　硬化路面敷设方式

（1）镀锌钢管应地下布置，且尽可能隐蔽布置。

（2）在硬化路面敷设时，宜采用明挖或非开挖方式，并整形保证其与原路面一致。

4.2.1.3　地平敷设要求

（1）地平标准深度 D：

1）标准深度 D 定义：$D = H$（混凝土厚度）$+ T$（垫层厚度）。

2）标准深度 D 测量基准：临近原有路面中心为基面。

（2）地平实际深度 D_t：

1）地平实际深度 $D_t \geqslant D$。

2）地平深度不设上限，以实际施工场地地面情况而定。

3）直至全部去除规划路径范围内腐殖土、虚土层为标准。

（3）地平基质：

1）地平清理必须保证垫层深度以及混凝土厚度。

2）地平清理不得保有虚土、腐殖层。

3）因深度过大必须填埋地点，必须将填埋点夯实；填埋选材不得使用腐殖土、稀泥等不适宜夯实的材料。

4）新修路应保证平直美观，使其处于同一直线，同时应确保新修路的位置易于观测表计，且新修水泥路与原有道路衔接处应处于同一高度，见图 4－9。

5）多条新修路处于同一直线，使得新修路与整体布局美观。

图 4-9　新修道路支模

路面保持齐平，落差小于 10mm。

4.2.1.4　施工工艺要求

（1）施工尺寸约束。道路施工过程中，应严格参考勘测输出图纸施工，并满足以下要求：

1）混凝土路面：W（新建路宽）× H（浇筑厚度）=（≥1200mm）×（≥150mm）。

2）垫层厚度 T：T≥100mm，考虑各地域自然因素，垫层厚度可做增大调整。

（2）施工基准约束。道路施工基准应满足以下要求：

1）水平约束：新修路径路面与原有路面保持齐平，落差小于 10mm。

2）宽度约束：W≥1200mm±5mm，宽度基准统一为路径单一侧。

（3）形状约束。道路施工过程中，道路形状应满足以下要求：

1）路径走向：交叉连接之两段路径在理论上相互垂直，路径转向、交叉处夹角均为 A＝90°±1°。

2）路径边沿直线度：以任意路径起始端、末端为基准，最大直线度偏差 L＜5mm。

3）路径长边平行度：任意路径长边互为基准，水平方向上平行度偏差 V_h＜10mm/10000mm。

4）路面平整度/翘曲度 V：任意位置以道路单侧边沿理论直线为基准，V＜2mm。

5）修建斜坡路径约束 α：修建过渡斜坡，斜坡坡度不得大于 10°，即 α≤10°，如特殊位置确实需超过 10°的，须报备。

（4）路面质量要求。路面质量应满足以下要求：

1）路面应平整，不得出现翻砂、脱皮、起泡等缺陷。

2）新建巡检通道每隔 5m 应横向开伸缩缝，缝宽 C_w≤10mm，缝深 C_d≥100mm。

（5）路面施工要求及示意图。

1）新修路混凝土浇灌之前，需要对新修道路的标定，然后进行混凝土浇灌（见图 4-10），使之与路面垂直，美观。

2）新修路混凝土浇灌之前，需挖土进行道路铺设的准备。

图 4-10　混凝土浇灌

4.2.1.5　施工环保要求

对新建道路及周边环境应进行保护，应注意以下方面：

（1）在极端天气情况下对未硬化部分采取必要保护措施。

（2）新建路径拆模之后，装模位置严禁以草皮或腐殖土填埋。

（3）装模位置严禁留下积水沟槽，应以黏土、砂石等材料夯实。

（4）周边草地施工痕迹应清理干净，严禁留下施工废料。

（5）土方开挖施工前，应制定相应措施保证开挖部位邻近建筑物和边坡的稳定。

（6）新修路径周边需用碎石进行回填，并保持与站内环境美观一致，见图 4-11。

（7）新修路面伸缩缝需比例分割、对称均匀，见图 4-12。

图 4-11　新修路边缘保护

图 4-12　新修路伸缩缝

4.2.2　微气象及通信设备

设备安装时应遵循可靠、隐蔽、美观、简洁的要求，并满足以下要求：

（1）通信线缆应以 PVC 管或镀锌钢管套护，固定牢固，线管内径不小于 25mm。

（2）PVC 管和各类设备之间的最后一截长度超过 50mm 时，应使用镀锌钢管套接，并用相同颜色的胶带缠好接头。

（3）PVC 管转角均为 90°，转角方式为弯管器弯管或者弯头连接，室外电缆出口 PVC 管应做成向下的弯头。

（4）与其他管线交叉敷设时，垂直距离应不小于 150mm。

（5）通信天线宜架设在站内建筑物制高点，其微气象及通信设备安装示意图见图 4-13。

（6）通信系统线缆铺设在外墙穿管并穿墙进入主控楼，取电于机器人操作后台插线板，贴有取电标示；孔洞封堵密实，并做到及时清扫卫生，见图 4-14。

图 4-13　微气象及通信设备安装示意图

图 4-14　微气象及通信设备线缆走向图

4.2.3　机器人室及基座

（1）机器人室基础部分地平标准要求如下：

1）标准深度 D 定义：$D=H$（混凝土厚度）＋T（垫层厚度）。

2）标准深度 D 测量基准：以临近原有路面中心为基面。

3）地平实际深度 D_t（地平实际深度 $D_t \geqslant D$），地平深度不设上限，视实际施工场地地面情况而定，应清除规划路径范围内腐殖土、虚土层。

4）地平基质：地平清理必须保证垫层深度以及混凝土厚度，地平清理不得保有虚土、腐殖土，当地平深度过大时，应进行填埋作业，并将填埋点夯实，填埋土不得使用腐殖土、稀泥等不适宜夯实的材料。

（2）机器人室基座表面质量应满足以下要求：

1）基座部分表面质量：基座部分表面与连接路面应齐平，整体平整无缩孔、气泡、起皮等缺陷。

2）基座侧面观测质量：厚度部分无不饱和灌浆，贴面厚度完整。

（3）机器人室基座周边按以下要求进行处理：

1）拆模之后装模位置不得使用草皮或腐殖土填埋。

2）装模位置不得留下积水沟槽，应以黏土、砂石等材料夯实。

3）周边草地施工痕迹应及时清理干净。

（4）机器人室施工应满足下列要求：

1）安装位置不应影响巡检通道。

2）应采用阻燃材料。

3）应配置空调等恒温设施，在极寒地区，应配置加热保温设施。

4）应配置必要的消防器材。

5）应与机器人本地后台监控系统通信正常。

4.2.4　电缆敷设

（1）电缆敷设时应满足以下要求：

1）电源线路两端余量≥500mm；除两端外任意位置都必须被镀锌钢管有效包覆。

2）电源线路敷设应尽可能敷设于电缆沟，做好防火隔离措施。如无电缆沟，应尽可能隐蔽敷设，应与周围已有线路保持安全距离并有效固定。

3）电源线缆埋地深度：距离地面 700mm。

4）在机器人室基础处预留专用 AC 220V 电源，电缆宜选用铠装阻燃型电力电缆，载流量不小于 25A，电缆设计应满足 GB 50217—2007《电力工程电缆设计规范》的相关要求。

5）经过墙、孔都应用防火泥封堵，在防火墙两侧 1.0m 范围内涂刷防火涂料。

（2）机器人室应接地，并满足下列要求：

1）基础边缘应预留一处接地引上点，应满足 GB 50065—2011《交流电气装置的接地设计规范》的相关要求，见图 4-15。

2）埋设深度应达到变电站内接地标准。

3）机器人室接地连接用的接地扁钢应用黄绿相间漆标识，应与变电站主地网有效连通。

4）电源线及接地扁钢不得直接浇筑入混凝土中，扁铁与机器人室连接位置预留长度不得小于 0.5m。

5）机器人室地基浇筑成型，见图 4-16。

6）机器人室安装完成后需固定、接地，并将清理，保持机器人室周围环境卫生，见图 4-17。

图 4-15　机器人室接地

图 4-16　机器人室地基

（3）机器人巡检系统各元件及直埋电缆应设置标识，并满足下列要求：

1）线缆、空气开关、控制器标识：应有明确标识。

2）埋地标识：直埋电缆路径应有明显的"地下有电缆"标识。

3）如出现转弯，则在转弯处添加标识。

4.2.5　本地监控系统电脑安装

本地监控后台电脑宜安装于主控室主控台上，不得影响主控台其余电脑摆放和使用，见图4－18。

图4－17　整体安装效果　　　　　图4－18　监控后台安装图

4.2.6　室内自动门、防鼠挡板安装

机器人室内的自动门、防鼠挡板安装应安全、稳定、灵活，室内自动门、防鼠挡板应满足机器人自动控制，方便其进出的要求。

4.2.7　室外墙面敷设

（1）线缆所有管卡安装位置应以放线方式确定，在同一墙面上的所有管卡必须均匀布置、保证美观，管卡布置间距不得超过1.5m。

（2）线缆应水平或垂直布设，应顺墙角或墙棱布置。

（3）管卡宜采用不锈钢材质。

4.2.8　排水沟道敷设

（1）应用镀锌钢管对线缆进行套护。

（2）宜在沟沿以下通过打孔或沟底穿越的方式通过。

（3）应对打孔位置进行封堵还原，并做防水处理。

4.2.9　废弃物处理要求

施工区域废弃物应按下列要求进行处理：

（1）应保持施工区的环境卫生，在施工区应设置足够数量的临时垃圾储存设施。

（2）应定时清除施工垃圾，并将其运至指定地点堆放或掩埋、焚烧处理。

（3）施工前应制定相应措施，保证排水排污达标。

4.2.10　大气污染防治要求

施工过程中应做好大气污染防治措施，并确保公共区域卫生。

（1）运输车辆及施工机械使用过程中，应加强维修和保养，防止汽油、柴油、机油等泄漏，保证进气、排气系统畅通。

（2）运输车辆及施工机械，应使用 0 号柴油和无铅汽油等优质燃料，减少有毒、有害气体的排放量。

（3）应加盖罩布等防护措施防止运输车辆将石渣等建筑材料撒落在场地上，并安排专人及时进行清扫。

（4）场内施工道路保持路面平整，排水畅通，并经常检查、维护及保养。晴天洒水除尘，道路每天洒水不少于 4 次，施工现场不少于 2 次。

（5）运输过程中若采用敞蓬车，车厢两侧和尾部应配备挡板，物料的堆放高度不得超过挡板高度，并用干净的罩布覆盖。

（6）现场应安装车轮冲洗设施，并在车辆进出工地时对车辆进行冲洗，确保进出工地的车辆不将泥土、碎屑及粉尘等带到公共道路及施工场地上，在冲洗设施和公共道路之间应设置一段过渡的硬地路面。

4.2.11　噪声污染防治要求

施工过程中的噪声控制应满足以下要求：

（1）合理安排运输时间，应避免车辆噪声污染对敏感区的影响。

（2）调整施工时段，晚间控制高噪声机械的设备运行、作业，噪声较大的施工机械设备应安排操作人员实行轮班制，控制工作时间，并为相应机械设备操作人员配发噪声防护用品。

（3）选用低噪声设备，应加强机械设备的维护和保养，降低施工噪声。

（4）进入非施工作业区的车辆，不得使用高音喇叭，应禁止鸣笛，最好以灯光代替喇叭。

4.2.12　绿色植被保护要求

施工过程应满足下列绿色植被保护要求：

（1）临时住房、仓库、厂房等，在设计及建造时，应考虑美观和与周围环境协调的要求。

（2）在每个施工区和工程施工完成后，应及时拆除各种临时设施，施工临时占地及时恢复植被或本来用途。

（3）施工活动中应采取措施防止破坏植被和其他环境资源，避免造成水土流失。

4.3 调 试 阶 段

4.3.1 系统调试

变电站巡检机器人的系统调试主要包括机器人巡检线路设计、上下位机通信调试、地图建立调试、巡检点位调试等四个方面。

系统调试具体流程为：

系统上电前全面检查→机器人上电状态检查→通信调试→信号覆盖质量测试
机器人室调试→控制台调试→地图录制→建立自动任务→试运行

进行系统调试时应满足下列基本要求：

（1）地图构建：应按照变电站安全规范要求，宜采用机器人进行现场扫图，不得搭建临时性辅助装置。

（2）变电站路径规划：合理规划设备巡检路径，实现设备巡检全覆盖。

（3）变电站巡检点标定：收集变电站设备区域、名称、属性等信息，进行设备巡检点位标定，方法应简便。

（4）机器人电量低于 20%时，应自动返回机器人室自动充电，自动充电功能应满足 DL/T 1610—2016 的要求。

4.3.2 本地监控系统检查

（1）设备线路连接检查：按连接说明检查各线路，所有线路应正确、牢固。

（2）标签标识检查：电源插头、基站网线插头、交换机、服务器主机、显示器、对讲麦克风、报警音响都应有标签标识。

（3）线路规范检查：所有线路应规整、束好。

（4）电脑开机：电脑开机应正常，显示器显示应正常。

（5）交换机开机：交换机开机应正常，网络灯闪烁正常。

（6）音响检查：系统开机时，音响应有开机音乐。

（7）麦克风检查：麦克风功能应正常。

（8）软件检查：平台软件应正常开启不报错。

（9）系统时间日期检查：系统时间、日期应设置正确。

（10）操作系统检查：系统除了必要工具软件及平台软件外，不能有其他多余软件。

（11）网络检查：通过 cmd 工具 ping 各个模块的网络应通畅。

（12）网络安全检查：通过 AWVS 扫描工具或 nessus 漏洞扫描工具对监控系统进行安全漏洞扫描。

4.3.3　机器人通信基站及微气象检查

（1）支架安装检查：安装位置应位于空旷位置，周围无遮挡，螺丝要紧固。

（2）天线安装检查：天线安装不倾斜，安装牢固，接头处做防水处理。

（3）控制箱安装检查：安装应牢固，进出线口应做好密封处理。

（4）设备线路连接和标签检查：所有线路应正确、牢固，接线端子要有标签。

（5）环境信息采集系统功能检查：通过平台软件检查微气象上报数据显示正常。

4.3.4　调试要求

（1）全站一次设备应进行全覆盖测温，测温应覆盖绝缘子、母线软连接、线夹等设备。

（2）充油设备应拍摄地面高清图像，以记录漏油情况。

（3）大型设备（典型的大型设备有油浸式变压器（电抗器）、干式电抗器、并联电容器等）测温点不少于 4 个，且方向不同以保证全覆盖。

（4）一张图片无法满足拍摄设备全部细节的，应分多部分拍摄。

（5）任务设置应按电压等级和巡检目的（可见光、红外等）进行规划巡检。

（6）对于不同监测目标，应设置相应的告警阈值。

（7）监控后台调试见表 4—1。

（8）微气象及通信系统调试见表 4—2。

（9）机器人室调试表见表 4—3。

（10）变电站巡检机器人调试报告见表 4—4。

表 4—1　　　　　监控后台调试表

序号	检测项	检测方案与判定标准	检测结果	判定
1	设备线路连接检查	（1）按连接说明，检查各线路 （2）所有线路应正确、牢固		
2	线路标签检查	（1）电源插头，应有标签：×××电源线 （2）基站网线插头应有标签：基站网线 （3）内网网线插头应有标签：内网网线		
3	线路规范检查	所有线路应规整，束好		

续表

序号	检测项	检测方案与判定标准	检测结果	判定
4	设备标签检查	（1）交换机标签 （2）服务器主机标签 （3）显示器标签 （4）对讲麦克风标签 （5）报警音响标签		
5	电脑开机	（1）电脑开机正常 （2）显示器显示正常 （3）系统硬盘大小符合订货合同要求		
6	交换机开机	交换机开机正常，网络灯闪烁		
7	音响检查	系统开机时，音响应有开机音乐		
8	麦克风检查	在系统硬件设备中，麦克风功能正常		
9	软件检查	（1）服务器软件开启，应正常不报错 （2）客户端软件开启，应正常不报错 （3）在桌面放置服务器、客户端快捷图标		
10	系统时间日期检查	系统时间、日期应正确		
11	操作系统检查	系统除了必要工具软件及平台软件外，不能有360等类似软件		
12	入网检查	使用cmd工具，ping：信通部门分配的网关应通畅		
13	与基站网桥网络检查	cmd工具，ping：基站网桥网络应通畅		
14	与微气象网络连接检查	cmd工具，ping：微气象网络应通畅		
15	系统不死机	将服务软件及客户端软件打开，电脑运行24h，应不死机		

检测人		检测日期		批准人		批准日期	

表4-2 微气象及通信系统调试表

序号	检测项	检测方案与判定标准	检测结果	判定
1	支架安装检查	（1）尽可能安装在变电站中心楼顶 （2）支架周围不能有高墙遮挡 （3）支架应安装在空旷位置 （4）支架不能靠近高压线 （5）支架固定螺栓全部紧固		
2	wifi天线	（1）天线安装竖直，不倾斜 （2）天线安装牢固 （3）天线与馈线接头处需要用防水胶带缠绕，做防水处理		
3	支架上模块安装	（1）通风罩、风速传感器、GPS天线安装牢固 （2）风速传感器安装底座应水平		
4	控制箱安装	（1）控制箱安装在支架附近，方便接线 （2）控制箱安装牢固		
5	设备线路连接检查	（1）按连接说明，检查各线路 （2）所有线路应正确、牢固		

续表

序号	检测项	检测方案与判定标准	检测结果	判定
6	线路标签检查	（1）220V 电力线应有标签：×××电源线 （2）基站网线插头应有标签：基站网线		
7	线路规范检查	（1）所有线路应规整，束好 （2）线缆需要套波纹管 （3）控制箱外部的线缆需要固定在支架上		
8	网桥网络	通过后台 cmd 工具，ping：网桥网络应通畅		
9	微气象网络	通过后台 cmd 工具，ping：微气象网络应通畅		
10	GPS 时间	CLI 工具，能查询到正确的 GPS 时间		
11	温湿度	CLI 工具，能查询到正确的温湿度数据		
12	风速	CLI 工具，能查询到正确的风速数据，如果无风，则为 0		

检测人		日期		批准人		批准日期	

表 4-3　　　　　　　　机 器 人 室 调 试 表

序号	检测项	检测方案与判定标准	检测结果	判定
1	机器人室外观检查	室外机器人室应做好防雨、防台风、防潮、防寒等措施，机器人室应安装牢固，房顶使用人字型结构，并采用绝缘材料		
2	设备固定检查	（1）顶灯固定牢固 （2）机器人室控制箱放置稳定 （3）充电桩安装牢固		
3	设备线路连接检查	（1）按连接说明，检查各线路走线 （2）所有线路应走线正确、连接牢固		
4	线路标签检查	（1）电源插头应有标签：×××电源线 （2）空开、插座应有标签		
5	线路规范检查	所有线路应规整走线并捆束好，外观美观		
6	设备标签检查	（1）照明灯标签 （2）充电桩标签 （3）机器人室控制箱标签		
7	照明灯	（1）照明灯空开正常 （2）照明灯开关正常 （3）照明良好		
8	预留插座	（1）预留插座空开正常 （2）预留插座电压正常		
9	门禁系统	（1）遥控钥匙功能正常，能正常开门 （2）监控后台功能正常，能正常开门		
10	充电系统	（1）电源指示灯正常 （2）开关按钮能正常启动充电系统 （3）机器人充电时供电座能正常供电 （4）机器人充电时库仓计有指示		

续表

序号	检测项	检测方案与判定标准	检测结果	判定
11	门控系统	（1）机器人返回机器人室时能正常打开房门 （2）机器人进入机器人室后正常关闭房门 （3）机器人离开供电座时正常打开房门 （4）机器人出机器人室后能正常关闭房门		
12	取电点标签	机器人室取电点应有明显标签		
13	机器人室固定	机器人室四角固定螺栓应固定牢固		
14	空调	（1）空调空开正常 （2）空调开机正常 （3）制冷功能正常 （4）制热功能正常		

检测人		检测日期		批准人		批准日期	

表4-4　　　　　　　　　　变电站巡检机器人调试报告

项目名称			合同编号	
用户单位				
用户联系人			联系方式	

调试内容	调试结果
地图构建	□正常□异常
巡检任务调度	□正常□异常
自主充电及其任务调度	□正常□异常
数据库远程连接配置	□正常□异常
巡检任务设置	□正常□异常
高清视频监控	□正常□异常
对讲功能	□正常□异常
温度采集功能	□正常□异常
自主巡检功能	□正常□异常
自动报警功能	□正常□异常
监控录像功能	□正常□异常
数据采集、分析功能	□正常□异常
历史查询、巡检报告、异常报告提交	□正常□异常
调试结论	
备注	

4.3.5　巡检点设置原则

（1）全站一次设备需测温需全覆盖，需配置单独的母线测温点。

（2）外观拍摄和红外测温可以在同一位置完成时，则两个巡检点合为一个。

（3）红外设备测温巡覆盖绝缘子整个区域。

（4）充油设备应拍摄地面高清图像，以记录漏油情况。

4.3.5.1　母线设备测温原则

（1）需有大面积测温图，能覆盖母线整个区域或较大区域范围。

（2）母线软连接及线夹等处需单独设置巡检点进行精确测温。

4.3.5.2　大型设备测温原则

对于体积较大的设备，单侧测温不能完整覆盖，巡检时至少应从 2 个方向进行测温，相关测温注意事项如下：

（1）大型设备的巡检位置示意图如图 4－19 所示。

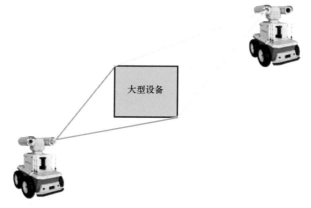

图 4－19　机器人对大型设备巡检位置示意图

（2）大型设备测温点总数不少于 2 个，且方向不同以保证全覆盖。

（3）测温范围应从设备顶端接头处到下端安装座。

（4）如机器人因位置原因无法在一张图片内拍摄完整设备的，可以分多节拍摄。

（5）典型的大型设备有主变压器、电容器、电抗器、站用变压器等。

4.3.5.3　交流变电站设备识别内容

交流变电站设备识别内容见表 4－5。

表4-5   交流变电站设备识别内容列表

识别设备	识别项目	识别内容	识别手段
油浸式变压器及电抗器	地面	地面是否有明显油污	可见光
	储油柜（本体、调压装置）	储油柜及油位是否正常	红外、可见光
		吸湿剂是否变色；油封油位是否正常	可见光
	本体及外观	外壳接地是否完好；器身焊接处、法兰处或阀门是否有明显渗漏油；器身是否有明显锈蚀	可见光
		温度表、油压表、档位表、油位表读数是否正常	可见光
		本体温度	红外
		铁芯及夹件接地引下线是否完好	可见光
		噪声是否异常	声音传感器
	套管（高、中、低、中性点）	外表是否有明显破损；升高座是否渗漏油；端子盒是否有明显破损	可见光
		套管油位是否正常	可见光
		套管、末屏温度	红外
	引线、接头	引线、接头温度	红外
	中性点设备	中性点隔离开关分合位置	可见光
		中性点隔离开关、放电间隙、避雷器温度	红外
		中性点避雷器泄漏电流、动作次数	可见光
	气体继电器（本体、调压装置）	气体继电器是否渗漏油	可见光
	压力释放装置	是否渗漏油；信号杆是否突出	可见光
	油压感应装置	是否渗漏油	可见光
	冷却系统	潜油泵是否渗漏油；散热器是否渗漏油；冷却器连接管法兰是否渗漏油；油流继电器指示是否正常；冷却风扇是否正常运行，是否有损坏	可见光
		散热器温度	红外
	本体端子箱、冷控箱等	箱门是否关闭	可见光
	消防设施	断流阀指示是否正常，消防管路、喷头是否锈蚀	可见光
电流互感器	地面	地面油污	可见光
	本体及外观	油浸式电流互感器油位是否正常	可见光
		充气式电流互感器气体压力表指针是否指示在规定范围	可见光
		外表是否有明显破损；是否渗漏油；金属部件是否锈蚀；二次接线盒是否破损、锈蚀；端子箱箱门是否关闭	可见光
		金属部位、外绝缘温度	红外

续表

识别设备	识别项目	识别内容	识别手段
电流互感器	本体及外观	是否有异常声响	声音传感器
		末屏温度	红外
	引线、接头	引线、接头温度	红外
电压互感器	地面	地面油污	可见光
	本体及外观	油浸式电压互感器油位是否正常	可见光
		充气式电压互感器气体压力表指针是否指示在规定范围	可见光
		外表是否有明显破损；是否渗漏油；金属部件是否锈蚀；二次接线盒是否破损、锈蚀	可见光
		端子箱箱门是否关闭	
		电磁单元、外绝缘温度	红外
		是否有异常声响	声音传感器
		末屏温度	红外
	引线、接头	引线、接头温度	红外
并联电容器组	本体及外观	外表是否有明显破损；外壳是否变形；是否渗漏油	可见光
		本体温度	红外
		是否有异常声响	声音传感器
	引线、接头	母线排是否锈蚀	可见光
		引线、接头温度	红外
	熔断器	是否完好	可见光
		熔断器温度	红外
	中性点电流互感器	是否渗漏油	可见光
		电流互感器温度	红外
	放电线圈	放电线圈温度	红外
	避雷器	接地引下线是否完好	可见光
		监测装置外观及引线是否完好	
		动作次数指示值	
		泄漏电流指示值是否在正常范围，与历史数据对比是否变化	
		引线、接头温度	红外
	串联电抗器	识别内容同干式电抗器	红外 + 可见光
干式电抗器	本体及外观	本体是否有变形；声罩表面是否有裂纹；包封间导风撑条是否有松动、位移、缺失；围栏门是否关闭，是否有杂物；外表是否有烧灼痕迹	可见光

识别设备	识别项目	识别内容	识别手段
干式电抗器	本体及外观	本体温度	红外
		是否有异常声响	声音传感器
	外绝缘、支柱瓷瓶	外表是否有明显破损	可见光
	支柱瓷瓶	支柱瓷瓶温度	红外
	引线、接头	引线、接头温度	红外
断路器	本体及外观	外表是否有明显破损	可见光
		箱门是否关闭	
		均压环及各引线、接头	
		分合闸位置、储能指示	
		均压环及各引线、接头温度	红外
		是否有异常声响	声音传感器
		本体、加热带温度	红外
	并联电容	外表是否有明显破损	可见光
		并联电容温度	红外
	表计指示	压力表、油压表表计读数	可见光
隔离开关	本体	是否锈蚀；触头分合闸是否到位	可见光
		触头、触指温度	红外
		是否有异常声响	声音传感器
	均压环、引线、接头	均压环、引线、接头温度	红外
	传动机构	连杆机构是否脱落；传动拉杆是否变形、锈蚀；机械闭锁是否脱落	可见光
	支柱绝缘子	外表是否有明显破损	可见光
		绝缘子温度	红外
开关柜	本体及外观	手车试验和检修位置；保护装置信号灯状态；高压带电显示；表计读数	可见光
		断路器分合闸、储能指示；空气开关分合指示；切换开关、压板位置；接地刀闸分合闸指示	可见光
		是否有异常声响	声音传感器
	柜体	局部放电检测	局部放电传感器
避雷器	本体	瓷瓶是否破损	可见光
		接地引下线是否完好	可见光
		是否有异常声响	声音传感器
		本体温度	红外

续表

识别设备	识别项目	识别内容	识别手段
避雷器	均压环	均压环是否锈蚀	可见光
	引线、接头	引线、接头温度	红外
	监测装置	监测装置外观及引线是否完好；动作次数指示值；泄漏电流指示值是否在正常范围；与历史数据对比是否变化	可见光
高频阻波器	本体及外观	阻波器上是否有异物；金属部件是否锈蚀	可见光
		本体温度	红外
	引线、接头	引线、接头温度	红外
	绝缘子	悬式绝缘子是否断裂；支柱绝缘子是否断裂	可见光
		绝缘子温度	红外
耦合电容器	本体及外观	外绝缘是否有明显破损；隔离开关分合位置；套管是否有明显破损	可见光
		隔离开关、套管、末屏	红外
	引线、接头	引线、接头温度	红外
气体绝缘金属封闭式开关设备	本体及外观	套管是否有明显破损；伸缩节及附件状态；箱门是否关闭	可见光
		是否异响	声音传感器
		SF_6 气体泄漏	气体传感器
		伸缩节、导流排温度	红外
		本体温度	红外
	外绝缘	套管温度	红外
	汇控柜	断路器、隔离开关、接地刀闸位置指示，转换开关位置、压板状态、空气开关分合位置、带电显示装置指示灯、告警灯状态是否正确	可见光
	均压环、引线、接头	均压环、引线、接头温度	红外
	表计	油压表、压力表、油位表读数	可见光
	断路器、隔离开关、接地刀闸	储能指示；分合指示	可见光
母线及绝缘子	绝缘子	绝缘子是否断裂、破损	可见光
		绝缘子温度	红外
	母线	绝缘护套是否破损、脱落；是否有异物	可见光
		母线温度	红外
	线夹	线夹是否脱落	可见光
		线夹温度	红外
	软连接、引线、接头	软连接、引线、接头温度	红外
	均压环	均压环温度	红外

识别设备	识别项目	识别内容	识别手段
穿墙套管	本体及外观	金属封板密封完好；套管瓷瓶是否有明显破损	可见光
	引线、接头、套管、末屏	引线、接头、套管、末屏温度	红外
电力电缆	本体及外观	本体是否破损	可见光
		本体温度	红外
	电缆终端	电缆终端是否破损	可见光
		电缆终端温度	红外
	电缆廊道	O_2、CO、H_2S、CH_4 浓度检测识别	气体传感器
消弧线圈	地面	地面油污	可见光
	本体及外观	外表是否破损	可见光
	呼吸器	呼吸器硅胶是否有明显变色；呼吸器油位是否正常	可见光
	气体继电器	气体继电器是否有明显渗漏油	可见光
	表计指示	油位表、油温表读数	可见光
	引线、接头	引线、接头温度	红外
	套管	外表是否有明显破损现象；法兰是否锈蚀；升高座是否漏油	可见光
		套管油位是否正常	可见光
		套管、末屏温度	红外
高压熔断器	本体及外观	外表是否有明显破损；触头接触良好；外表面无异常变色	可见光
		本体、触头温度	红外
接地装置	本体及外观	接地引下线是否松脱、锈蚀、断裂；黄绿相间的色漆或色带标识是否完好	可见光
端子箱及检修电源箱	本体及外观	箱门是否关闭	可见光
站用交流电源系统	本体及外观	断路器分合指示、手车开关位置、转换开关位置、空气开关分合位置是否正确；屏柜门是否关闭	可见光
		指示灯、仪表、储能指示	
站用直流电源系统	本体及外观	蓄电池组外观是否变形、破损；绝缘监测装置、信号采集器指示灯是否正常	可见光
		断路器分合指示是否正确；操作把手位置是否正确；屏柜门是否关闭	
		指示灯、仪表、储能指示	
		蓄电池组温度	红外
设备构架	本体及外观	绝缘子是否破损；是否有异物；构架爬梯门是否关闭	可见光
	避雷针	垂直偏移角度	可见光
独立避雷针	本体及外观	是否有异物；针节数；垂直偏移角度	可见光

续表

识别设备	识别项目	识别内容	识别手段
辅助设施	本体及外观	红外对射、电子围栏、消防主机、指示灯正常，声光报警器状态正常，无异常信号；电磁阀、照明灯、摄像头、通风系统风扇有无明显破损；箱门是否关闭；围栏承立杆无倾斜、倒塌、破损	可见光
	表计指示	压力表、水泵指示、水位线指示是否正常	可见光
土建设施	设施类	门窗、消防门是否破损；围墙是否破损；排水孔是否堵塞；沉降观测点无明显下沉	可见光
串联补偿装置	本体及外观	电容器、电抗器声音是否异常	声音传感器
		引线、接头、间隙温度	红外
		脉冲变压器、均压电容器、阀控电抗器、阻尼装置温度	
		电容器、绝缘外套是否破损；触发控制箱、测量箱箱门、触发型间隙门是否关闭；阻尼装置外观是否破损；支柱绝缘子是否倾斜；阀控电抗器外观是否破损，防雨罩是否固定牢固	可见光
	表计指示	阀冷却系统压力、流量、温度、水位、电导率等仪表的指示值是否正常	
	架构及围栏	串补平台架构及围栏是否有明显锈蚀、异物	
中性点隔直（限直）装置	本体及外观	装置的信号灯、面板指示是否正常，开关、把手位置是否正确；绝缘体表面应无破损	可见光
		接地刀闸、隔直（限直）刀闸分合指示是否正确	
		接地刀闸、隔直（限直）刀闸、引线、接头温度	红外
消防系统	指示灯	火灾报警控制器、控制柜各指示灯是否显示正常	可见光
	门窗	是否关闭	
屏柜	本体及外观	指示灯状态识别	可见光
		空气开关位置识别	
		硬压板状态识别	
		仪表读数识别	
		开关状态指示识别	
安全防范	人脸识别	人脸识别，身份认证是否匹配	可见光
	其他	施工区域是否越过隔离带；施工车辆证照是否齐全；施工车辆及工器具本体高度是否满足现场安全距离要求；作业区安全标识是否正确完好；施工人员安全帽是否正确佩戴、高空作业是否使用安全带、高空是否挂物等	

4.3.5.4 换流站设备识别内容

换流站站设备识别内容见表 4－6。

表 4-6　　　　　　　　　　　换流变电站设备识别内容

识别设备	识别项目	识别内容	识别手段
换流变压器	地面	地面是否有明显油污	可见光
	储油柜（本体、调压装置）	储油柜及油位是否正常	红外、可见光
		吸湿剂是否变色；油封油位是否正常	可见光
	本体及外观	外壳接地是否完好；器身焊接处、法兰处或阀门是否有明显渗漏油；器身是否有明显锈蚀	可见光
		温度表、油压表、档位表、油位表读数是否正常	可见光
		本体温度	红外
		铁芯及夹件接地引下线是否完好	可见光
		噪声是否异常	声音传感器
	套管	外表是否有明显破损；升高座是否渗漏油；端子盒是否有明显破损	可见光
		套管油位是否正常	可见光
		套管、末屏温度	红外
	引线、接头	引线、接头温度	红外
	中性点设备	中性点隔离开关分合位置	可见光
		中性点隔离开关、放电间隙、避雷器温度	红外
		中性点避雷器泄漏电流、动作次数	可见光
	气体继电器	气体继电器是否渗漏油	可见光
	压力释放装置	是否渗漏油；信号杆是否突出	可见光
	油压感应装置	是否渗漏油	可见光
	冷却系统	潜油泵是否渗漏油；散热器是否渗漏油；冷却器连接管道是否渗漏油；冷却风扇是否正常运行，是否有损坏	可见光
		散热器温度	红外
	本体端子箱、冷控箱等	箱门是否关闭	可见光
	消防设施	断流阀指示是否正常，消防管路、喷头是否锈蚀	可见光
油浸式平波电抗器	地面	地面油污	可见光
	本体及外观	本体是否有变形；声罩表面是否有裂纹；包封间导风撑条是否有松动、位移、缺失；围栏门是否关闭，是否有杂物；外表是否有明显烧灼痕迹；外表是否有明显破损；套管是否有明显闪络；吸湿剂是否变色	可见光
		各类箱门是否关闭	
		本体、套管末屏、潜油泵噪声是否异常	声音传感器
	表计指示	油温表、压力表、油压表表计读数是否正常	可见光
	消防设施	消防管路、喷头是否锈蚀	可见光

续表

识别设备	识别项目	识别内容	识别手段
油浸式平波电抗器	瓷瓶	支柱瓷瓶温度	红外
	外壳及箱沿	外壳及箱沿温度	红外
	引线、接头	引线、接头温度	红外
平波电抗器	本体及外观	声罩、防雨帽表面是否有明显裂纹；包封间导风撑条明显无松动、位移；连接金具是否有明显裂纹、变形；支撑绝缘子外绝缘是否明显破损；设备接地引下线是否有明显锈蚀、断裂； 本体及支架上是否有鸟窝、漂浮物等杂物。避雷器外绝缘是否有明显破损；金属部位是否有明显锈蚀，支架是否牢固； 声罩表面涂层是否有明显破裂、起皱、鼓泡、脱落现象；外绝缘表层破损、包封存在开裂	可见光
		围栏门是否关闭，是否有杂物	
		噪声是否异常	声音传感器
	引线、接头	引线、接头温度	红外
换流阀	本体及外观	阀组件、阀电抗器、阀避雷器是否有异常放电； 阀塔各部位是否有无火光、烟雾； 阀塔屏蔽罩、阀塔底盘、阀塔内部、阀塔主水回路是否有水迹；管母、换流阀、悬挂绝缘子是否有放电痕迹	可见光
		是否有异常声响	声音传感器
	阀厅	阀厅温度和湿度判别	温湿传感器
	辅助设施	阀厅地面、墙壁、阀厅大门、穿墙套管孔洞、排烟窗	可见光
	本体	阀塔本体、晶闸管、并联回路、阀电抗器、散热器、水管、通流回路及连接点、光纤槽盒、阀避雷器设备温度	红外
直流断路器	本体及外观	外表是否有明显破损	可见光
		箱门是否关闭	
		分合闸位置、储能指示	
		均压环及各引线、接头	
		是否有异常声响	声音传感器
		均压环及各引线、接头温度	红外
		本体、加热带温度	
	电容器	外表是否有明显破损	可见光
		套管及支柱绝缘子是否有明显破损裂纹及放电痕迹	
		电容器壳体温度	红外
	振荡回路非线性电阻	振荡回路非线性电阻是否有明显放电痕迹	可见光
		瓷套、防污闪涂层、密封结构金属件、法兰盘是否有明显裂纹、破损	
		压力释放装置是否有异物	
		接地引下线是否有明显断裂	
		本体温度	红外

识别设备	识别项目	识别内容	识别手段
直流断路器	电抗器	包封表面是否有明显裂纹、爬电，油漆脱落现象	可见光
		防雨帽、防鸟罩是否完好	
		撑条是否有明显松动、位移、缺失等现象	
		引线是否有明显散股、断股、扭曲等现象	
		瓷瓶是否有明显破损，支柱绝缘子金属部位是否有明显锈蚀、倾斜变形	
		本体温度	
	表计指示	压力表、油压表读数	可见光
直流分压器	本体及外观	外绝缘是否有严重放电痕迹	可见光
		金属部位、接地引下线是否严重锈蚀	
		二次接线盒是否关闭	
	引线、接头	是否有明显松动、无断股、散股	
	压力表、油压表	表计读数	
	本体、引线、接头	本体、引线、接头温度	红外
光电流互感器	本体及外观	伞裙障碍物、附着物悬挂	可见光
		外观及外绝缘表面是否有明显开裂现象	
		器身外涂漆层是否有明显掉漆、锈蚀	
		是否有异常声响	声音传感器
	引线、接头	是否明显松动、无断股、散股	可见光
	压力表、油压表	表计读数	可见光
	引线、接头	引线、接头温度	红外
零磁通电流互感器	本体及外观	外观及外绝缘表面是否有明显开裂现象	可见光
		金属部位是否明显锈蚀	
		底座、支架、基础明显倾斜变形	
		二次接线盒、接口柜门是否关闭	
		是否有异常声响	声音传感器
	引线、接头	是否有明显松动、无断股、散股	可见光
	表计指示	压力表、油压表表计读数	可见光
	引线、接头	引线、接头温度	红外
直流避雷器	本体	瓷套是否破损	可见光
		接地引下线是否完好	可见光
		是否有异常声响	声音传感器
		本体温度	红外

续表

识别设备	识别项目	识别内容	识别手段
直流滤波器	均压环	均压环是否锈蚀	可见光
	引线、接头	引线、接头温度	红外
	监测装置	外观是否有明显破损	可见光
		动作次数指示值	
		泄漏电流指示值是否在正常范围 与历史数据对比是否变化	
	地面	地面是否有明显油污	可见光
	电容器外壳	是否明显鼓肚变形，本体、附件及各连接处是否渗漏油	
	电抗器本体	外观是否明显变形	
		支柱绝缘子是否有明显裂纹、烧伤痕迹	
	围栏门	是否关闭	
	噪声	噪声是否异常	声音传感器
直流穿墙套管	本体	本体温度	红外
	引线、接头	引线、接头温度	
	本体	表面及增爬裙是否有明显破损、变色	可见光
		连接柱头及法兰是否有明显开裂、锈蚀现象	
		本体、引线连接线夹及法兰处是否有明显过热	
		是否明显有异物搭挂	
		压力指示是否正常	
		是否明显有异常响声	声音传感器
阀内水冷系统	本体	阀门限位装置是否有明显脱落	可见光
	管道	主水回路管道及法兰连接处，仪表及传感器安装处、管道阀门及主水过滤器是否有明显渗漏	
	表计指示	压力表、压差表、氮气瓶压力、油压表计读数	
	主循环泵	噪声是否异常	声音传感器
	主循环泵	主循环泵温度	红外
阀外水冷系统	本体	管道、阀门、水泵是否有明显漏水	可见光
		是否明显有异常响声	声音传感器
阀外风冷系统	本体	管道、阀门、排气阀、法兰及接口处连接是否有明显渗漏	可见光
		噪声是否异常	声音传感器
站用交流电源系统	本体及外观	断路器分合指示、手车开关位置、转换开关位置、空气开关分合位置是否正确	可见光
		屏柜门、门窗是否关闭	
		指示灯、仪表、储能指示	

识别设备	识别项目	识别内容	识别手段
站用直流电源系统	本体及外观	蓄电池组外观是否变形、破损	可见光
		绝缘监测装置、信号采集器指示灯是否正常	
		断路器分合指示	
		操作把手位置是否正确	
		屏柜门是否关闭	
		指示灯、仪表、储能指示	
		蓄电池组温度	红外
消防系统	指示灯	火灾报警控制器、控制柜各指示灯是否显示正常	可见光
	门窗	是否关闭	
辅助设施	电子围栏	主导线架设是否有明显松动、断线现象	可见光
		主导线上悬挂的警示牌是否掉落	
		承立杆是否有明显倾斜、倒塌、破损	
接地极	在线监测系统	极址大门是否有明显锈蚀或变形现象	可见光
		电子脉冲围栏是否有明显断裂现象	
		电子脉冲围栏四周是否有明显悬挂物	
	电抗器	电抗器外观是否明显无变形	可见光
		线圈和冷却槽上是否有杂物、鸟窝等	
		绝缘子外观是否有明显破损、裂纹、放电痕迹	
		电抗器并联避雷器瓷套是否有明显裂纹及放电痕迹，破损现象	
		电抗器并联电阻器引线是否有明显断股现象	
		电阻器是否有明显破损现象	
		防护罩是否有异常声响	声音传感器
		连接引线及接头温度	红外
	电容器	电容器外观是否有明显变形现象、油漆脱落	可见光
		电容器是否有明显渗漏油现象	
		表面是否有明显异物附着	
		绝缘子是否有明显破损、裂纹、放电痕迹	
		噪声是否异常	声音传感器
		连接引线及接头温度	红外
	隔离开关	绝缘子是否有明显破损、裂纹、放电痕迹	可见光
		连接螺栓是否有明显锈蚀	
		连接引线及接头温度	红外

续表

识别设备	识别项目	识别内容	识别手段
接地极	零磁通电流互感器	外绝缘表面是否有明显裂纹、放电痕迹、老化迹象	可见光
		各部位有明显渗漏油现象	
		金属部位是否有明显锈蚀	
		二次接线盒是否关闭	
		连接引线及接头温度	红外
	光电流互感器	设备外观是否有明显损坏	可见光
		接地引下线连接是否有明显位移、断裂及严重腐蚀等情况	
		噪声是否异常	声音传感器
	站用变压器	本体是否有明显严重锈蚀	可见光
		噪声是否异常	声音传感器
		站用变本体温度	红外
	开关柜、配电柜	外观是否有明显异常	可见光
		柜门是否有明显变形	
		蓄电池外观是否有明显无渗漏液,无膨胀	可见光
屏柜	本体及外观	指示灯状态识别	可见光
		空气开关位置识别	
		硬压板状态识别	
		仪表读数识别	
		开关状态指示识别	
安全防范	人脸识别	人脸识别,身份认证是否匹配	可见光
	其他	施工区域是否越过隔离带;施工车辆证照是否齐全;施工车辆及工器具本体高度是否满足场地安全距离要求;作业区安全标识是否正确完好;施工人员安全帽是否正确佩戴、高空作业是否使用安全带、高空是否挂物等	可见光

4.3.6 巡检点设置要求

巡检过程中,机器人将按照设定顺序的路径进行自动化巡检作业。为符合人工巡检的习惯以及便于后续数据的调阅查询,巡检点的排序一般为:区域(500kV 区域按串分)→间隔→设备→ABC 相别→巡检点;为了便于查阅和提高巡检效率,外观和测温可以在同一位置进行拍摄,并在同一巡检点包含外观和测温两项内容。

以断路器为例,设置方式见表 4-7。

表 4-7　　　　　　　　　　　断路器巡检点分类表

分类	巡检点	备注
表计	220kV 区域 1 号主变压器××间隔断路器位置状态识别 C 相	表计在不同巡检点
	220kV 区域 1 号主变压器××间隔断路器 SF$_6$ 气体压力表 C 相	表计在相同巡检点
外观与测温	220kV 区域 1 号主变压器××间隔断路器本体 A 面 C 相	参见红外设备拍摄要求
	220kV 区域 1 号主变压器××间隔断路器本体 B 面 C 相	参见红外设备拍摄要求

下面以变电站的典型设备为例，对巡检点布置进行说明。

4.3.6.1　主变压器

主变压器巡检点列表见表 4-8，现场拍摄图见表 4-9。

表 4-8　　　　　　　　　　　主变压器巡检点列表

序号	巡检点	拍摄方式	备注
1	外观 1	高清	参见大型设备拍摄要求，视现场具体情况可能与测温合并在一个巡检点完成
2	外观 2	高清	参见大型设备拍摄要求，视现场具体情况可能与测温合并在一个巡检点完成
3	外观 3	高清	参见大型设备拍摄要求，视现场具体情况可能与测温合并在一个巡检点完成
4	地面漏油	高清	有多个
5	油位表	高清	有多个
6	测温 1	红外	参见大型设备拍摄要求
7	测温 2	红外	参见大型设备拍摄要求
8	测温 3	红外	参见大型设备拍摄要求
9	油流表	高清	有多个
10	吸湿器	高清	有多个
11	气体继电器	高清	有多个
12	档位表	高清	有多个
13	高压侧套管油位	高清	
14	中压侧套管油位	高清	
15	低压侧套管油位	高清	
16	高压侧套管及接头测温	红外	
17	中压侧套管接头测温	红外	
18	低压侧套管接头测温	红外	
19	中性点套管及接头	红外	
20	中性点接地	红外	
21	油温表	高清	有多个
22	绕组温度表	高清	有多个

表 4－9　　　　　　　　　　　　主变压器现场拍摄图

项目	高清图	红外图	描述
1 号主变压器－A 相外观及本体测温 A 面			典型样本 1
1 号主变压器－A 相外观及本体测温 B 面			典型样本 2
1 号主变压器－A 相外观及本体测温 C 面			典型样本 3
1 号主变压器－A 相外观及本体测温 D 面			典型样本 4

注　拍摄图例选取红外测温举例，下同。

4.3.6.2 断路器

断路器巡检点见表4-10，现场拍摄图见表4-11。

表4-10 断路器巡检点列表

序号	巡检点	拍摄方式	备注
1	外观1	高清	参见红外设备拍摄要求，视现场具体情况可能与测温合并在一个巡检点完成
2	外观2	高清	参见红外设备拍摄要求，视现场具体情况可能与测温合并在一个巡检点完成
3	测温1	红外	参见红外设备拍摄要求
4	测温2	红外	参见红外设备拍摄要求
5	SF$_6$表	高清	
6	液压压力表	高清	
7	分合状态	高清	可能含有储能状态

表4-11 断路器现场拍摄图

项目	高清图	红外图	描述
500kV区域1号主变压器5012间隔A相断路器外观与本体测温			典型样本3
500kV区域1号主变压器5012间隔B相断路器外观与本体测温			典型样本4
500kV区域1号主变压器5012间隔C相断路器外观与本体测温			典型样本5

4.3.6.3 隔离开关

隔离开关巡检点设置见表 4－12，现场拍摄图见表 4－13。

表 4－12 隔离开关巡检点列表

序号	巡检点	拍摄方式	备注
1	外观	高清	视现场具体情况可能与测温合并在一个巡检点完成
2	分合状态	高清	
3	本体及两侧接头测温	红外	测温选框要求包含隔离开关两侧接头、动触头、静触头、拐点、绝缘支柱、旋转瓷瓶在内

表 4－13 隔离开关现场拍摄图

项目	高清图	红外图	描述
35kV 区域 328 间隔 2－2C 电容器组 3281 隔离开关 C 相 A 面			典型样本 1
35kV 区域 328 间隔 2－2C 电容器组 3281 隔离开关 C 相 B 面			典型样本 2

4.3.6.4 电流互感器

电流互感器巡检点列表见表 4－14，现场拍摄图见表 4－15。

表 4－14 电流互感器巡检点列表

序号	巡检点	拍摄方式	备注
1	本体	红外	参见红外设备拍摄要求
2	SF_6（油位）	高清	
3	两侧接线板	红外	参见红外设备拍摄要求

表 4-15　　　　　　　　　　　　电流互感器现场拍摄图

项目	高清图	红外图	描述
35kV 区域 328 间隔 2-2C 电容器组电流互感器 1		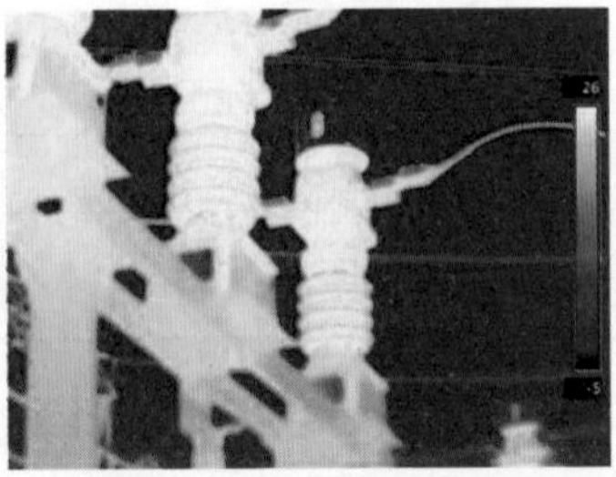	典型样本 1
35kV 区域 328 间隔 2-2C 电容器组电流互感器 2			典型样本 2

4.3.6.5　电压互感器

电压互感器巡检点见表 4-16，现场拍摄图见表 4-17。

表 4-16　　　　　　　　　　　　电压互感器巡检点列表

序号	巡检点	拍摄方式	备注
1	地面漏油	高清	
2	油位	高清	
3	本体	红外	参见红外设备拍摄要求
4	绝缘支柱	红外	参见红外设备拍摄要求
5	接线板	红外	

表 4 - 17　　　　　　　　　　　电压互感器现场拍摄图

项目	高清图	红外图	描述
35kV 区域 2 号主变压器 35kV 侧 TV 间隔电电压互感器外观与测温 1			典型样本 1
35kV 区域 2 号主变压器 35kV 侧 TV 间隔电电压互感器外观与测温 2			典型样本 2

4.3.6.6　避雷器

避雷器巡检点列表见表 4 - 18，现场拍摄图见表 4 - 19。

表 4 - 18　　　　　　　　　　避 雷 器 巡 检 点 列 表

序号	巡检点	拍摄方式	备注
1	外观 1	高清	参见红外设备拍摄要求，视现场具体情况可能与测温合并在一个巡检点完成
2	外观 2	高清	参见红外设备拍摄要求，视现场具体情况可能与测温合并在一个巡检点完成
3	泄漏电流表	高清	
4	动作次数	高清	
5	测温 1	红外	参见红外设备拍摄要求
6	测温 2	红外	参见红外设备拍摄要求

表 4-19　　　　　　　　　　避 雷 器 现 场 拍 摄 图

项目	高清图	红外图	描述
500kV 区域 1 号主变压器 500kV 侧 TV 间隔避雷器 C 相 A 面			典型 样本 3
500kV 区域 1 号主变压器 500kV 侧 TV 间隔避雷器 C 相 B 面			典型 样本 4

4.3.6.7　电容器

电容器巡检点列表见表 4-20，现场拍摄图见表 4-21。

表 4-20　　　　　　　　　　电 容 器 巡 检 点 列 表

序号	巡检点	拍摄方式	备　　注
1	外观 1	高清	参见大型设备拍摄要求,视现场具体情况可能与测温合并在一个巡检点完成
2	外观 2	高清	参见大型设备拍摄要求,视现场具体情况可能与测温合并在一个巡检点完成
3	外观 3	高清	参见大型设备拍摄要求,视现场具体情况可能与测温合并在一个巡检点完成
4	测温 1	红外	参见大型设备拍摄要求
5	测温 2	红外	参见大型设备拍摄要求
6	测温 3	红外	参见大型设备拍摄要求

表 4 – 21   电 容 器 现 场 拍 摄 图

项目	高清图	红外图	描述
35kV 区域 316 间隔 1 – 1C 电容器组电容器 0 相 A 面			方向 A
35kV 区域 316 间隔 1 – 1C 电容器组电容器 0 相 B 面			方向 B
35kV 区域 316 间隔 1 – 1C 电容器组电容器 0 相 C 面			方向 C
35kV 区域 316 间隔 1 – 1C 电容器组电容器 0 相 D 面			方向 D

4.3.6.8 电抗器

电抗器巡检点列表见表 4 – 22，现场拍摄图见表 4 – 23。

表 4 – 22　　　　　　　　　　　电 抗 器 巡 检 点 列 表

序号	巡检点	拍摄方式	备　注
1	外观 1	高清	参见大型设备拍摄要求，视现场具体情况可能与测温合并在一个巡检点完成
2	外观 2	高清	参见大型设备拍摄要求，视现场具体情况可能与测温合并在一个巡检点完成
3	外观 3	高清	参见大型设备拍摄要求，视现场具体情况可能与测温合并在一个巡检点完成
4	测温 1	红外	参见大型设备拍摄要求
5	测温 2	红外	参见大型设备拍摄要求
6	测温 3	红外	参见大型设备拍摄要求

表 4 – 23　　　　　　　　　　　电 抗 器 现 场 拍 摄 图

项目	高清图	红外图	描述
35kV 区域 325 – 2 – 1L 低抗间隔电抗器 A 相 A 面			典型样本 1
35kV 区域 326 – 2 – 1L 低抗间隔电抗器 A 相 B 面			典型样本 2
35kV 区域 326 – 2 – 1L 低抗间隔电抗器 A 相 C 面			典型样本 3

4.3.6.9 母线软连接及线缆接头

母线软连接及线缆接头巡检点列表见表 4-24，现场拍摄图见表 4-25。

表 4-24 母线软连接及线缆接头巡检点列表

序号	巡检点	拍摄方式	备注
1	外观	高清	视现场具体情况可能与测温合并在一个巡检点完成
2	测温	红外	

表 4-25 母线软连接及线缆接头现场拍摄图

项目	高清图	红外图	描述
35kV 区域 35kV Ⅱ 母间隔母线软连接		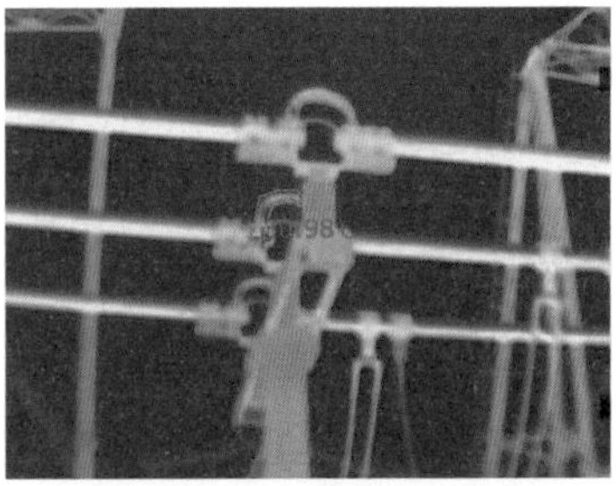	典型样本 1
主变压器区域 2 号主变压器 220kV 侧引线 T 接头			典型样本 2
主变压器区域 2 号主变压器 500kV 侧引线 T 接头			典型样本 3

4.3.6.10 站用变压器

站用变压器巡检点列表见表 4-26，现场拍摄图见表 4-27。

表 4-26 站用变压器巡检点列表

序号	巡检点	拍摄方式	备 注
1	外观 1	高清	参见大型设备拍摄要求，视现场具体情况可能与测温合并在一个巡检点完成
2	外观 2	高清	参见大型设备拍摄要求，视现场具体情况可能与测温合并在一个巡检点完成
3	地面漏油	高清	四面
4	油枕油位	高清	有多个
5	测温 1	红外	参见大型设备拍摄要求
6	测温 2	红外	参见大型设备拍摄要求
7	测温 3	红外	参见大型设备拍摄要求
8	温度表	高清	
9	吸湿器	高清	有多个
10	气体继电器	高清	有多个
11	档位表	高清	
12	高压侧接头测温	红外	
13	低压侧接头测温	红外	

表 4-27 站用变压器现场拍摄表

项目	高清图	红外图	描述
35kV 区域 2 号站用变压器 323 间隔站用变压器 A 面			典型样本 1

续表

项目	高清图	红外图	描述
35kV 区域 2 号站用 变压器 323 间隔站用 变压器 B 面			典型样本 2
35kV 区域 2 号站用 变压器 323 间隔站用 变压器 C 面			典型样本 3

4.4　验　收　阶　段

4.4.1　机器人到货验收

变电站巡检机器人到货验收包括以下几个方面（见表 4−28）：

（1）检查机器人完好无破损。

（2）检查云台自检正常，机器人启动正常。

（3）检查云台控制：通过客户端页面应能正常控制云台转动、补光灯开关、雨刷控制。

（4）检查机器人运动功能：应能正常前进、后退、拐弯。

（5）检查机器人激光功能：通过客户端页面查看，能正确显示扫描到的物体。

（6）检查机器人避障功能：应能正常触发避障。

（7）检查机器人通信状态：客户端软件与各个模块通信应正常。

（8）检查机器人视频功能：通过客户端页面查看可见光和红外视频，可见光相机正常变倍、变焦，红外热成像正常聚焦。

（9）检查机器人对讲功能：应能进行语音对讲。

表 4-28　　　　　　　　　　　机器人到货开箱验收表

序号	验收项目	验收标准	验收结果
1	机器人包装箱	目测，机器人到货包装完整、无破损	
2	机器人外观检测	（1）目测，外表应光洁、均匀 （2）外壳不应有伤痕、毛刺、锈迹 （3）无螺钉不全的情况 （4）外壳无接缝开裂的情况	
3	机器人上电	（1）机器人状态灯三色灯闪烁 （2）云台自检正常 （3）服务启动正常	
4	基本运动功能检测	（1）机器人前进、后退正常 （2）机器人运行速度 0.1～1m/s 可调节 （3）机器人速度 0.4m/s 原地转弯正常	
5	激光功能检测	机器人正常行走，在激光前端放置障碍物，后台激光能显示激光扫描道的物体	
6	雷达功能检测	控制机器人运行，在机器人的前进方向 50cm 处放障碍物（如纸箱），机器人应都能停车、报警	
7	机器人通信检测	（1）机器人上电，与基站通信连接 （2）上位机上能看到机器人连接	
8	视频功能检测	（1）上位机软件上热成像仪视频正常 （2）上位机软件上可见光视频正常	
9	对讲功能检测	（1）通过 WEB 客户端的语音对讲按钮操作，可与现场进行话，能听到现场的声音 （2）现场说话，声音能传到上位机客户端	
10	自动充电检测	上位机控制机器人进行自动充电，机器人应正常充电	
11	轮胎检测	轮胎正常，无磨损、形变	
12	云台校准检测	云台校准正常，误差为 15m 处 0.5°以内	
13	云台控制检测	（1）云台控制面板能正常控制云台的运转 （2）补光灯开、关正常 （3）雨刷控制正常	
14	热成像控制检查	点击热成像聚焦按键，能看到热成像图像有自动聚焦的动作	
15	相机控制检查	（1）控制相机变倍，应能正常控制相机放大、缩小 （2）控制相机变焦，应能正常控制变焦	
16	监控后台电脑	（1）开关机正常，硬件无故障 （2）监控后台软件安装正常	

备注：极寒地区机器人电池在特殊环境下应具备正常使用功能，环境温度低至 −45℃ 以下时续航能力应有 5h 以上。

验收人		验收日期		批准人		批准日期

4.4.2　机器人资料验收

机器人资料验收包括表 4-29 所列的几个方面。

表 4-29　　　　　　　　机 器 人 资 料 验 收 表

序号	物料名称	规格型号	需求数量	计量单位	查货数量	备注	检查合格
1	机器人	机器人订货型号	1	台	1		
2	装箱清单	厂家规格	1	份	1		
3	产品说明书		2	册	2		
4	型式试验报告		2	册	2		
5	出厂检验报告		2	册	2		
6	出厂合格证		1	份	1		
7	保修卡		1	份	1		
8	操作手册		2	册	2		
9	维护手册		2	册	2		
10	备品备件清单		1	份	1		
11	使用及维护说明光盘		1	份	1		
12	设计变更说明书		2	份	0	备注 1	
13	备用电池		1	只	0	备注 2	
14	遥控平板		1	只	1		
15	遥控手柄接收器		1	只	1		

备注:
1. 如厂家无设计变更,则无需变更说明书。
2. 如变电站现场不具备备用电池存放检测条件的,可由厂家代管;如现场需要,即可发往现场。
3. 如由厂家代管备用电池的,需提供代管证明书。

验收人		验收日期		批准人		批准日期	

4.4.3　机器人验收流程

4.4.3.1　自验收

(1)机器人系统在安装、调试完成后由施工单位进行自验收。

(2)施工单位自验收时应根据招标文件协议进行验收,确保满足集控系统的各项技术要求。

(3)施工单位自验收合格后,填写自验收报告,向设备运维管理单位提出验收申请。

4.4.3.2　预验收

（1）设备运维管理单位在接到施工单位验收申请后十天内组织验收，验收时应对系统功能、设备性能、运行数据及分析结果进行记录，确认机器人系统符合产品技术文件和工程设计要求，并依据相应的验收评价表逐项验收，填写预验收报告。

（2）预验收报告内容应包括机器人巡检系统基本情况介绍，技术资料完整性、信息安全指标、性能指标、机器人监控系统应用、施工质量、售后服务、巡检覆盖率和表计数字识别率七方面验收情况，存在的问题及整改意见等。

（3）施工单位根据预验收评价表及预验收报告进行整改，并填写验收整改记录。

（4）施工单位根据预验收评价表及预验收报告进行整改，整改完毕后运维单位对整改内容复验，根据相应规范和验收评价表验收完成后，填写竣工验收报告。

4.4.3.3　试运行

机器人系统通过预验收后应进行不少于一个月的试运行，对集控系统的功能运行可靠性、数据准确性和实时性进行考核，并填写试运行记录。

以下情况判断为试运行不合格：

（1）发生系统崩溃等重启集控系统不可恢复的故障。

（2）发生同一类重启集控系统可恢复故障超过 3 次。

（3）发生重启集控系统可恢复故障超过 2 类，故障总次数超过 5 次。

以下情况需在试运行周期结束后，在厂家完成试运行整改后重新启动试运行：

（1）发生重启机器人系统可恢复故障超过 1 次，少于 3 次。

（2）发生重启机器人系统可恢复故障不超过 2 类，故障总次数不超过 5 次。

试运行合格后，由设备运维管理单位向上级主管单位提出交接验收申请。

4.4.3.4　交接验收

上级主管单位在接到设备运维管理单位验收申请后十天内组织交接验收，对集控系统的各项功能和技术要求进行确认，合格后向上级主管单位报送验收报告。

验收报告内容应包括机器人巡检系统基本情况介绍，技术资料完整性、安全性能指标、性能指标、机器人监控系统应用、施工质量、售后服务、巡检覆盖率和表计数字识别率七方面验收情况，存在的问题及整改意见等。

4.4.3.5　验收要求

各级单位应依据验评价表逐台设备，逐个项目验收，逐站填写验收报告。验收应采用资料审查、监控系统核查、现场测试等方式逐项进行核实和测试，验收过程要全程录像，并存档。机器人系统各项指标应满足验收评价表要求，机器人对变电站室外设备的巡检覆盖率、设备表计数字识别率达到 100%。红外测温识别误差在 ±2% 以内，仪表油位读取数据的误差在 ±5% 内，定位误差不大于 ±10mm。各施工单位对验收中发现的问题应立即进行整改，直至验收合格。其中机器人信息安全验收与机器人验收同步开展，验收方法见表 4-30。

表 4-30　　　　　　　机器人信息安全验收要求及验收方法

序号	验收要求	验收方法	验收结果
1	机器人无线通信设备接入点应隐 SSID	检查无线通信设备的 SSID 设置是否隐藏	
2	机器人无线通信设备登录启用强口令	检查无线通信设备登录口令，密码长度应大于 8 位，由数字、字母大小写与特殊字符组合而成	
3	机器人无线通信设备 AP 与 AC 匹配应启用强口令	检查无线通信设备匹配口令的设置	
4	机器人无线通信设备 AP 与 AC 应进行 MAC 地址绑定	检查无线通信设备 MAC 地址绑定的设置	
5	机器人无线通信设备设定的覆盖范围不能大于其位置到变电站最远位置的距离	检查无线通信设备覆盖范围设置	
6	机器人无线通信网络应启用高强度加密算法	检查无线通信网络加密算法设置	
7	机器人通信网络不应连接互联网	查看网络拓扑图，检查机器人网络同互联网的连接情况	
8	机器人通信网络网段不可以被扫描	利用局域网扫描软件进行扫描，查看网段扫描情况	
9	主机操作系统具备防病毒检查功能，应安装防病毒（木马）软件，病毒库和木马库应及时更新	检查防病毒（木马）软件安装情况及防病毒（木马）软件客户端病毒库是否更新至最新日期	
10	主机操作系统、数据库、机器人监控系统不应存在公用账号	检查系统是否存在公用账号	
11	操作系统、数据库、机器人监控系统管理员及用户等口令复杂度应满足强口令要求并定期更换	检查口令设置是否满足强口令要求	
12	操作系统应关闭非必需服务	检查 E-Mail、Telnet、Rlogin、FTP 等非必需服务关闭情况	
13	操作系统、数据库以及应用等无漏洞	利用漏洞扫描器对操作系统、数据库进行漏洞扫描	
14	操作系统、数据库以及应用等应及时更新安全补丁	检查操作系统、数据库补丁更新时间是否为最新版	
15	操作系统应关闭默认共享	检查默认共享开启情况，若必须开启默认共享时，检查限制访问对象 IP 设置	
16	操作系统不存在恶意代码	对操作系统版本进行恶意代码扫描	
17	操作系统应关闭除正常业务需要外的其他端口	通过端口扫描工具，检查操作系统端口开启情况，正常业务不需要的端口应予以关闭	
18	机器人监控系统应具备日志与审计、数据备份等功能	检查监控后台系统安全审计功能及数据备份功能	
19	应使用经过加密验证的安全 U 盘进行数据拷贝	检查安全 U 盘接入情况	

序号	验收要求	验收方法	验收结果
20	机器人监控系统后台、服务器应封闭 USB 端口	检查监控系统后台、服务器 USB 封闭情况	
21	移动介质安全接入情况应进行记录	检查移动介质安全接入记录	
22	机器人所配置智能设备（如摄像头、红外热像仪等）登录启用强口令	检查机器人所配置智能设备登录口令设置	

第 5 章

基本操作

5.1 集中监控界面形式一[1]

5.1.1 系统主界面

系统主界面为用户登录成功后的初始页面，主要展示当前集中地图信息、机器人实时运行状态、累计设备报警、设备实时报警。

5.1.1.1 导航菜单

鼠标移动到导航菜单，显示出导航菜单。系统导航如图 5-1 所示。鼠标移动到模块名称，显示出此模块的子模块，点击子模块名称，即可进入此子模块。

图 5-1 系统导航

---

[1] 此处以国家电网公司为例。

5.1.1.2 地图

地图界面默认加载集中地图，展示当前用户拥有权限的变电站，并根据变电站实际分布情况展示在地图的对应位置上。如果变电站内存在机器人正在巡检，图标闪烁；变电站图标颜色通过汇总变电站设备最高告警级别，根据图例预置样式设置。

5.1.1.3 机器人实时运行状态

汇总集中内接入机器人总数量，显示机器人的实时连接状态。点击"更多"按钮，跳转到机器人实时运行状态模块。

5.1.2 实时数据

5.1.2.1 机器人实时状态

本模块实时展示机器人的状态信息；机器人实时状态主界面如图5-2所示。

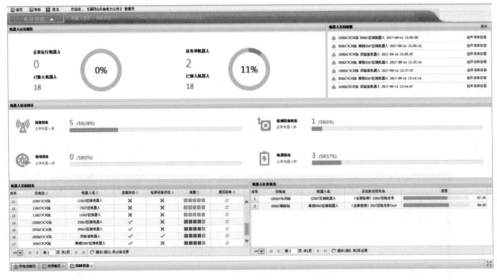

图5-2 机器人实时状态主界面

5.1.2.2 变电设备报警分析

本模块详细列出严重程度较高、报警总数最多的变电站并按照告警等级分变电站统计。变电设备主界面如图5-3所示。

5.1.3 机器人运行统计

5.1.3.1 巡检任务统计

巡检任务统计模块以巡检任务为统计主体，展示巡检任务在一定时间内的平均设备巡检率（设备报警率、识别异常率和漏检率）和执行效率，同时也可以跨多个变电站执行巡检任务的对比统计。巡检任务统计主界面如图5-4所示。

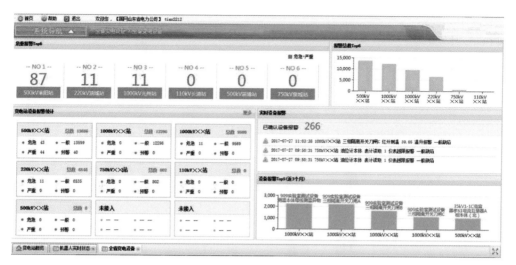

图 5-3 变电设备主界面

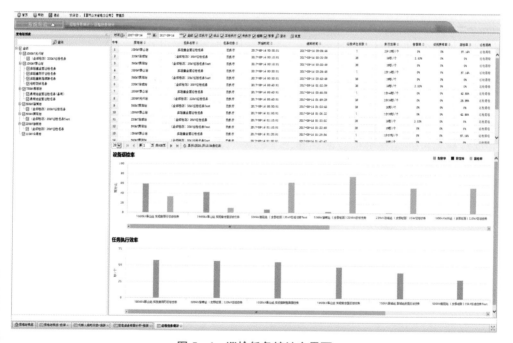

图 5-4 巡检任务统计主界面

5.1.3.2 机器人运行统计

机器人运行统计模块用于查询和统计已接入机器人的基本信息、运行状况和运行里程等信息。左侧显示当前用户权限下所有已接入的机器人信息，右侧根据起止时间查询选择的机器人信息，包括基本信息、运行状况和运行里程。机器人运行统计主界面如图 5-5 所示。

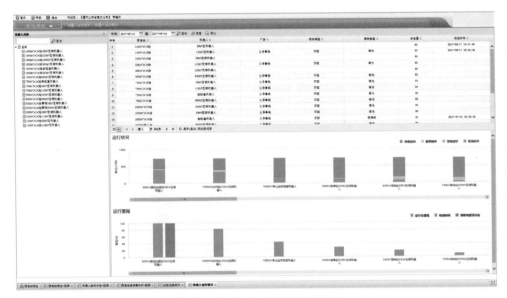

图 5-5　机器人运行统计主界面

5.1.4　机器人报警数据

查询选择时间段内存在告警的机器人列表,根据用户选择的机器人和设定的时间段,查询汇总机器人报警等级比例信息、各类报警等级最多的站、机器人报警数汇总信息和机器人报警信息等。机器人报警数据主界面如图 5-6 所示。

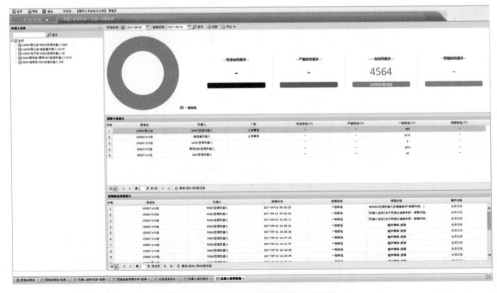

图 5-6　机器人报警数据主界面

5.1.5　巡检数据对比分析

巡检数据对比分析分两部分：巡检结果对比分析和设备报警对比分析，通过制定对比条件，能够实现同一个变电站、跨变电站多个设备的巡检数据对比。

5.1.5.1　巡检结果对比分析

该模块对比分析一定时间内选定设备的巡检数据和图片信息，采用表格和曲线的方式展示不同维度的数据汇总情况。巡检结果对比分析主界面如图 5-7 所示。

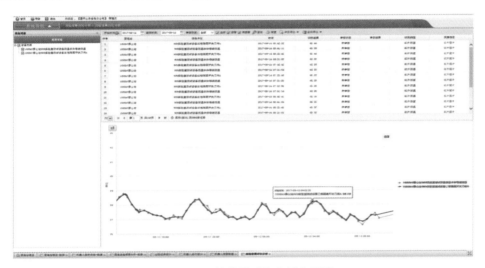

图 5-7　巡检结果对比分析主界面

5.1.5.2　设备报警对比分析

该模块对比分析一定时间内选定设备的报警数据和图片信息，采用表格和曲线的方式展示不同维度的数据汇总情况。设备报警对比分析主界面如图 5-8 所示。

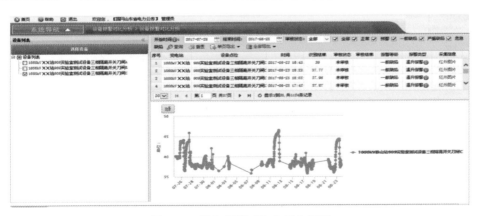

图 5-8　设备报警对比分析主界面

5.1.5.3 变电站巡检统计

变电站巡检统计模块以变电站为评价主体,统计变电站内变电设备的报警率和机器人运行工况,是变电站的整体体现,让用户对变电站设备和机器人有一个整体的了解。变电站巡检统计主界面如图5-9所示。

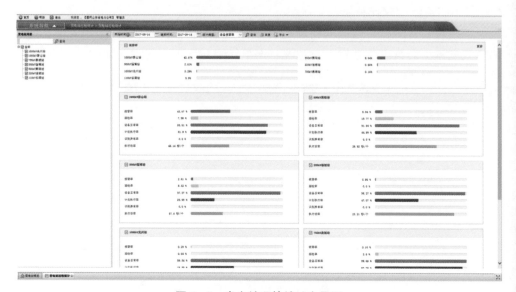

图5-9 变电站巡检统计主界面

选择设备列表设备(最多10个),点击移入按钮,即可将所选设备移入已选择区,同时左侧设备列表刷新,不再显示已移入设备。设备列表如图5-10所示。

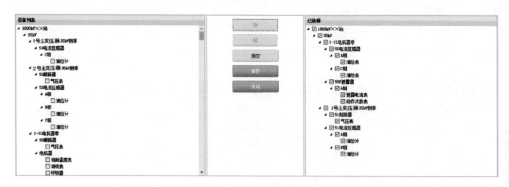

图5-10 设备列表

5.1.6 例行运维

该模块用于统计和编辑变电站机器人检修维护记录,分别以变电站和厂家进行分类对比。界面采用左右布局,左侧显示变电站列表,右侧显示查询条件和查询内容展示。专业检修维护记录编制查询主界面如图 5-11 所示。

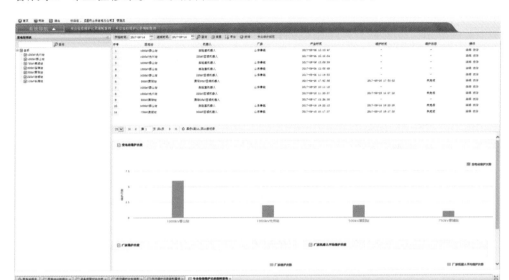

图 5-11　专业检修维护记录编制查询主界面

5.1.7　用户管理

本模块实现管理员对系统用户的新增、查询、重置、修改、删除、初始化密码及角色授权和变电站授权等操作。用户管理主界面如图 5-12 所示。

图 5-12　用户管理主界面

5.1.8 角色管理

本模块实现管理员对系统角色的新增、查询、修改、删除及角色授权和变电站授权。

5.1.9 菜单管理

本模块实现管理员对系统菜单的新增、修改、删除。

5.1.10 组织结构

本模块实现管理员对组织结构的新增、修改、删除。

5.2 本地监控界面形式一❶

本地监控主界面展示如图 5-13 所示。

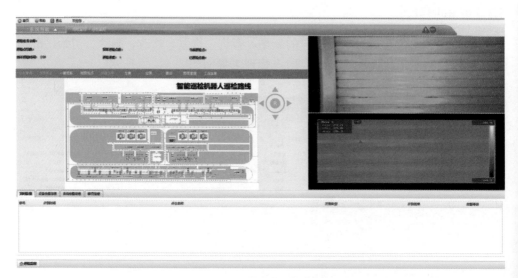

图 5-13 本地监控主界面

---

❶ 此处以国家电网公司为例。

5.2.1　机器人状态

点击机器人系统调试维护下的机器人状态模块名称,进入机器人状态显示主页面,如图 5－14 所示。

图 5－14　机器人状态显示界面

机器人状态显示实现主动推送方式,本模块包含两部分组成:

（1）机器人状态显示包含运行状态信息、通信状态信息、电池状态信息、机器人自身模块信息。

（2）机器人控制显示包括运行状态信息和控制状态信息。

5.2.2　任务管理

任务管理模块主要包括全面巡检、例行巡检、专项巡检、特殊巡检、自定义任务、地图选点及任务展示等子功能模块。专项巡检包括红外测温、油位油温表抄录、避雷器表计抄录、SF_6 压力表抄录、液压表抄录和位置状态识别;特殊巡检包括恶劣天气特巡、缺陷跟踪。每个子功能模块均集合了任务编制、任务下发等功能。根据不同巡检任务类型自动预设相关巡检点位,并自动生成任务名称。

值班人员编制任务时,系统自动封闭检修区域设置范围内的相关巡检点位;任务编制好后直接下发给机器人,机器人按预定时间执行预定的巡检任务。

选择任务管理模块,进入任务管理主目录,任务管理主目录界面如图 5－15 所示。

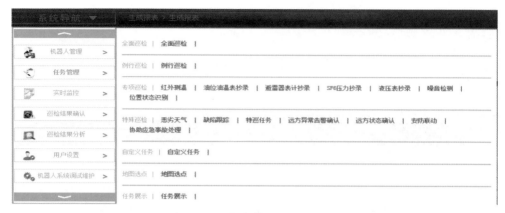

图 5-15　任务管理主目录界面

5.2.2.1　全面巡检

全面巡检是指通过预先设定站内设备的表计、状态指示、接头温度、外观及辅助设施外观、变电站运行环境等巡检点，快速生成抄录任务。对于巡检点位预设，用户可根据实际情况自行添加或减少点位。

选择任务管理下全面巡检模块，目录如图 5-15 所示，点击全面巡检模块名称，进入全面巡检主页面，全面巡检主界面如图 5-16 所示。

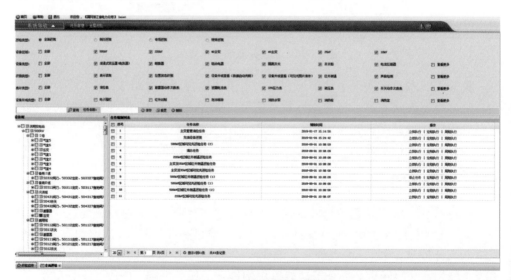

图 5-16　全面巡检主界面

本模块主要包含任务编制和任务下发方式设置两部分操作，实现了任务的新增、编辑、设备列表查询、界面重置及任务下发方式设置等操作。

（1）任务编制区域主要包含保存、查询、重置操作。

保存功能主要实现任务新增保存操作和任务编辑保存操作两部分。

任务新增保存操作如下：

1）勾选页面上方巡检类型、设备区域、设备类型、识别类型、表计类型、设备外观类型等，任务模板如图 5-17 所示。

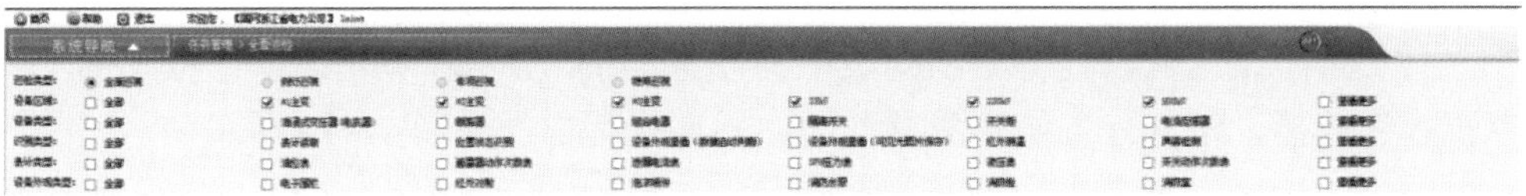

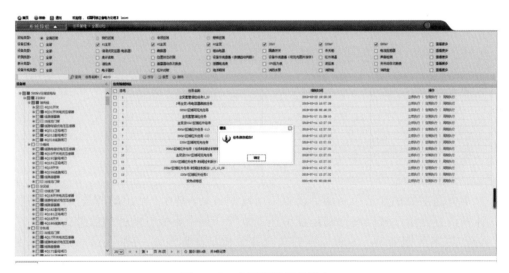

图 5-17 任务模板

区域类型选择操作说明：设备区域默认只显示第一行，点击"更多显示"选择框，则显示出全部的设备类型、表计类型或设备外观类型信息，且勾选"全部"选项时，隐藏的第二行类型信息也均被选中。

2）选中页面上方设备区域、设备类型等信息后，设备列表自动联动、数据刷新。页面左侧自动弹出设备列表信息，勾选左侧设备列表，点击"保存"按钮，弹出系统提示：任务保存成功。全面巡检任务保存如图 5-18 所示。

图 5-18 全面巡检任务保存

（2）任务下发方式设置区域，任务编制好后，按预定时间执行预定的巡检任务。任务下发主要提供立即执行、定期执行、周期执行三种方式供用户选择。

1）立即执行。针对任务编制列表中的任务记录，点击任务记录操作框中的"立即执行"链接，弹出是否执行提示框，点击"确定"即可，从当前时间立即开始本次巡检任务。

2）定期执行。针对任务编制列表中的任务记录，点击任务记录操作框中的"定期执行"链接，进入定期任务配置界面。

新增：点击"新增"按钮，页面自动增加一行数据，选择巡检日期，点击"保存"按钮，即可正确保存。

删除：点击记录操作框中的"删除"按钮，则可删除本条记录。

3）周期执行。针对任务编制列表中的任务记录，点击任务记录操作框中的"周期执行"链接，进入任务操作配置界面，周期执行界面如图 5–19 所示。

图 5–19　周期执行界面

本页面主要包含可用周期目录和禁用周期目录，其中，可用周期是实现任务执行计划设置操作，禁用周期则是禁用任务执行计划中不执行的计划信息。

a. 可用周期列表：本页面主要包含任务执行计划新增、删除、汇总功能，具体操作如下：

（a）本页面默认选中周期项，选择每日、每周、每月及开始时间信息，点击"保存"按钮，即可保存成功；当月、周及开始时间均为空时，点击保存则默认显示为每年每月每天 00:00 执行一次。

说明：间隔项默认为不选中状态，不选中状态下功能不生效。

（b）切换至间隔项，开始时间默认为系统当前时间，选择间隔信息（天、时、分钟）及结束时间（晚于开始时间），点击"保存"按钮，即可保存成功。

说明：任务保存时，根据页面中"周期"和"间隔"点选按钮是否勾选作为任务执行计划保存的依据。

（c）清空：输入周期或间隔下信息，点击"清空"按钮，则清空所有已输入的信息。

（d）删除：点击记录操作框中的"删除"，弹出是否删除提示，点击"确认"按钮，即可删除本条记录；点击"取消"按钮，则关闭删除提示框，取消本次删除操作。

（e）汇总：添加周期或间隔记录后，点击"汇总"按钮，进入任务执行汇总页面，任务执行汇总界面如图 5-20 所示。

图 5-20　任务执行汇总界面

该界面任务执行信息根据可用周期中添加的周期信息或间隔信息，自动进行汇总统计，显示周期为当前时间往后十天的记录，其中，已禁用周期记录不在此页面显示。

b. 禁用周期列表：点击禁用周期目录名称，切换至禁用周期目录下，具体操作如下：

（a）新增：禁用周期的任务配置界面，点击"新增"按钮，增加一行记录输入框，执行禁用周期记录新增操作。

（b）选择区间项及开始时间、结束时间段信息，点击"保存"按钮，即可保存本时间段给的禁用周期记录，根据年月日时间计算。

（c）选择时间点项及开始时间和结束时间段信息，输入时间点信息（如12:30），点击"保存"按钮，即可保存本时间段内的禁用周期记录。

（d）删除：点击记录操作框的中"删除"按钮，可单条删除对应的禁用周期记录。

5.2.2.2 例行巡检

例行巡检是指预先设定站内设备的表计、状态指示、外观及辅助设施外观、变电站运行环境等巡检点，快速生成抄录任务，对于巡检点位预设用户可根据实际情况自行添加或减少点位。

选择任务管理下例行巡检模块，目录如图5-15所示，点击例行巡检模块名称，进入例行巡检主页面，例行巡检主界面如图5-21所示。

图5-21 例行巡检主界面

本模块主要包含任务编制和任务下发方式设置两部分操作，实现了任务的新增、编辑、设备列表查询、界面重置及任务下发方式设置等操作。

5.2.2.3 专项巡检

本模块包含红外测温、油位油温表抄录、避雷器表计抄录、SF$_6$压力表抄录、液压表抄录和位置状态识别等模块；选择任务管理下专项巡检模块，红外测温主界面如图5-22所示。

5.2.2.4 特殊巡检

本模块包含恶劣天气和缺陷跟踪模块；选择任务管理下特殊巡检模块。

（1）恶劣天气。恶劣天气特巡是指在恶劣天气环境下，运维人员需要对变电站进行多种形式的特巡，通过迎峰度夏特巡、雷暴天气特巡、防汛抗台特巡、雨雪冰冻特巡、雾霾天气特巡、大风天气特巡等六种模式的巡检点预设，快速生成巡检任务。

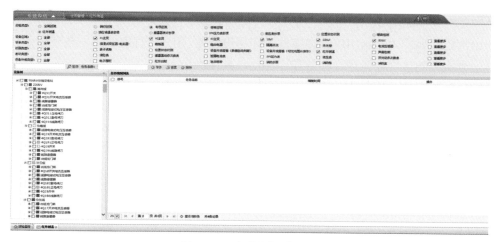

图 5 - 22　红外测温主界面

（2）缺陷跟踪。缺陷跟踪是指通过对站内非正常巡检点位的预先设定，快速生成巡检任务，对缺陷设备进行自动跟踪或定点监视。巡检点位预设设备列表中有异常标识的点位，用户可在此基础上根据实际情况自行添加或减少点位。设备列表总巡检数据状态分为正常（绿色）、预警（蓝色）、一般告警（黄色）、严重告警（橙色）、危急告警（红色）。

5.2.2.5　自定义任务

自定义任务主要实现新任务编制功能。首次进入该页面时，任务名称、类型等全为空。用户点击巡检类型后，可进行自定义任务编制，同时该界面提供历史任务导入按钮。用户选择任一历史任务导入后，均可以通过自定义编制进行修改。

选择任务管理→自定义任务模块，目录如图 5 - 15 所示，点击自定义任务模块名称，进入自定义任务主页面，自定义任务主界面如图 5 - 23 所示。

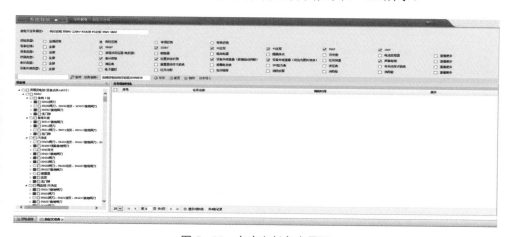

图 5 - 23　自定义任务主界面

页面功能布局介绍：窗口上方按任务编辑时间、任务名称关键字查询功能。窗口中部以列表形式显示相应查询条件下的历史任务。用户可任意选择一条或多条任务→点击"确认"按钮进行任务导入操作。具体操作如下：

（1）可选择一条或多条任务记录，点击"确认"按钮，则所选择任务记录正确导入，自定义任务主界面如图5-23所示。

（2）双击已导入的记录，进入记录编辑状态，修改对应的设备列表信息或任务名称等信息，点击"保存"按钮，提示保存成功，生成一条新记录；保留原始数据记录；自定义任务主界面如图5-23所示。

5.2.2.6　地图选点

地图选点主要实现用户在巡检地图上按设备间隔查询并快速定位，然后点选或框选，完成选择后点击确定按钮返回设备列表，并自动选择相应设备的巡检点位。

选择任务管理→地图选点模块，目录如图5-15所示，点击地图选点模块名称，进入地图选点主页面，地图选点主界面如图5-24所示。

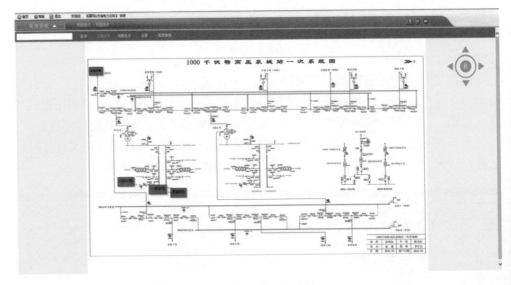

图5-24　地图选点主界面

本模块主要有查询、创建任务、地图选点、全屏和图层管理功能，实现了间隔查询、地图选点的任务创建、图层设置及地图全屏等操作。

地图选点。本功能实现基于间隔的任务创建操作，操作步骤如下：

首先点击主界面中"地图选点"按钮，执行地图选点操作，可支持单选和Ctrl快捷键框选操作；地图选点操作界面如图5-25所示。

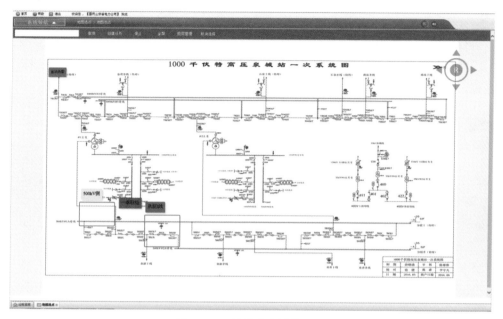

图 5-25　地图选点操作界面

选点后，点击主界面中"创建任务"，页面跳转至创建任务界面，创建任务界面如图 5-26 所示。

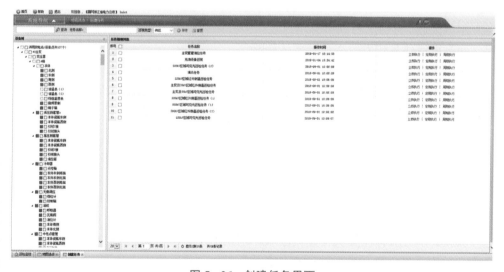

图 5-26　创建任务界面

创建任务页面，主要包含保存、查询、终止及立即执行、定期执行、周期执行功能，用以实现任务新增保存、编辑、设备列表查询、界面重置及任务下发方式设置等操作。

5.2.2.7　任务展示

任务展示实现以月历形式显示所有下发的巡检任务。

选择任务管理—任务展示巡检模块，目录如图 5-15 所示，点击任务展示模块名称，进入任务展示主页面，任务展示主界面如图 5-27 所示。

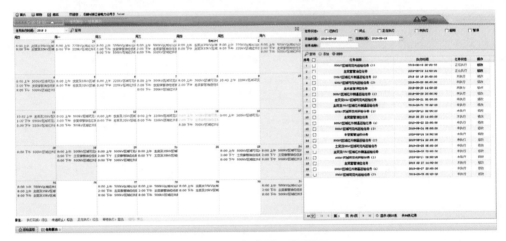

图 5-27　任务展示主界面

本页面分为两部分：左侧为单月所有任务执行计划区域，右侧为任务执行计划展示区域。

左侧区域：月历上日期单元格内显示当日所有已下发任务的执行时间、任务名称，并且根据任务状态改变显示字体的颜色：

✓ 执行完成，绿色；

✓ **中途终止，棕色；**

✓ 正在执行，红色；

✓ 等待执行，蓝色；

✓ 任务超期，黄色。

月历展示界面如图 5-28 所示。

本页面任务来源于任务编制中的周期执行任务执行时间设置页面，本页面主要包含查询操作。

查询：单月所有任务执行计划区域，选择任务执行时间下拉中的月份信息，则页面自动刷新显示该月份下的所有任务执行计划，直接点击"查询"按钮，则自动刷新当前月份下对应的任务执行计划信息。

页面右侧区域：任务执行计划展示列表显示当前查询条件下的所有任务。本页面支持任务状态选择、开始时间、结束时间选择及任务名称查询操作。其中，任务名称支持模糊查询操作。任务执行计划展示界面如图 5-29 所示。

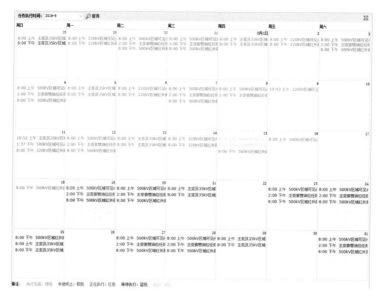

图 5-28　月历展示界面

序号		任务名称	执行时间	任务状态	操作
21	☐	主变压器套管油位任务	2019-08-28 14:00:00	未执行	修改
22	☐	500kV区域红外测温巡检任务（2）	2019-08-28 20:00:00	未执行	修改
23	☐	主变压器及35kV区域可见光巡检任务	2019-08-29 08:00:00	未执行	修改
24	☐	主变压器及35kV区域红外测温巡检任务	2019-08-29 20:00:00	未执行	修改
25	☐	500kV区域可见光巡检任务（1）	2019-08-31 08:00:00	未执行	修改
26	☐	主变压器套管油位任务	2019-08-31 14:00:00	未执行	修改
27	☐	500kV区域红外测温巡检任务（1）	2019-08-31 20:00:00	未执行	修改
28	☐	500kV区域可见光巡检任务（2）	2019-09-01 08:00:00	未执行	修改
29	☐	主变压器套管油位任务	2019-09-01 14:00:00	未执行	修改
30	☐	500kV区域红外测温巡检任务（2）	2019-09-01 20:00:00	未执行	修改
31	☐	主变压器及35kV区域可见光巡检任务	2019-09-02 08:00:00	未执行	修改
32	☐	主变压器及35kV区域红外测温巡检任务	2019-09-02 20:00:00	未执行	修改
33	☐	500kV区域可见光巡检任务（1）	2019-09-04 08:00:00	未执行	修改
34	☐	主变压器套管油位任务	2019-09-04 14:00:00	未执行	修改
35	☐	500kV区域红外测温巡检任务（1）	2019-09-04 20:00:00	未执行	修改
36	☐	500kV区域可见光巡检任务（2）	2019-09-05 08:00:00	未执行	修改
37	☐	主变压器套管油位任务	2019-09-05 14:00:00	未执行	修改
38	☐	500kV区域红外测温巡检任务（2）	2019-09-05 20:00:00	未执行	修改
39	☐	主变压器及35kV区域可见光巡检任务	2019-09-06 08:00:00	未执行	修改
40	☐	主变压器及35kV区域红外测温巡检任务	2019-09-06 20:00:00	未执行	修改

图 5-29　任务执行计划展示界面

任务展示→任务执行计划展示界面主要操作有查询、添加、修改、删除、修改等操作，具体操作如下：

添加：用户点击"添加"按钮，页面跳转至"任务编制自定义任务"界面，执行任务编制操作。

修改：点击用户操作框中的修改键，链接至任务修改界面进行任务修改操作。说明：已执行和正在执行状态下的任务不可修改。

查询：任务执行计划展示区域，选择任务状态、开始时间结束时间（默认从当前时间开始一个月）以及任务名称等条件，点击"查询"按钮，则查询出对应的任务执行计划信息。

删除：勾选一条或多条任务记录，点击删除按钮，执行任务删除操作→弹出请选择删除类型提示框。

5.2.3 实时监控

实时监控模块用于实时监视机器人巡检任务执行的整个过程，并可以对机器人做相应控制。巡检监控主界面如图5－30所示。

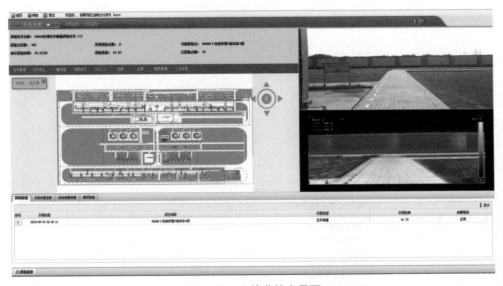

图5－30 巡检监控主界面

本模块主要包含视频监控及电子地图、实时信息、设备告警信息、系统告警信息等相关操作展示。

巡检监控——电子地图界面如图5－31所示。

该界面包含地图选点、创建任务、任务暂停、任务终止、一键返航、挂牌、全屏、图层管理等功能。

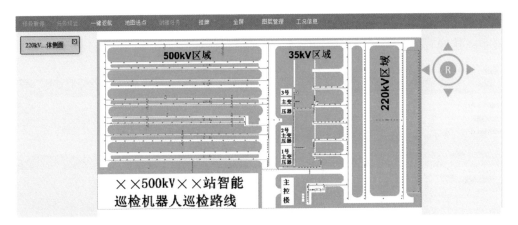

图 5-31　电子地图界面

全屏：点击地图页面中的"全屏"按钮，页面进入全屏展示界面，在全屏状态下点击返回键可返回至页面初始状态，或使用快捷键 Esc 进行返回操作。

任务暂停：任务执行期间，点击"暂停"按钮，则机器人停止并停留原地，本次任务不取消，本状态下可执行云台控制操作，实现区域的全面普测；再次点击"继续"按钮，则继续执行当前任务。

任务终止：任务执行期间，点击"终止"按钮，则终止当前任务，机器人停留原地。

挂牌：本功能为挂牌区域设置操作，主要实现挂牌和取消挂牌功能；具体操作为：① 非全屏状态下，按住 Ctrl 键，拖动鼠标左键即可进行关牌选择操作；② 全屏状态下，点击"挂牌"按钮，进入挂牌操作状态，拖动鼠标左键选中挂牌区域，系统弹出挂牌提示框，设置挂牌有效时间信息后，点击确定按钮挂牌成功，点击取消，则取消该次挂牌操作。挂牌提示框界面如图 5-32 所示。

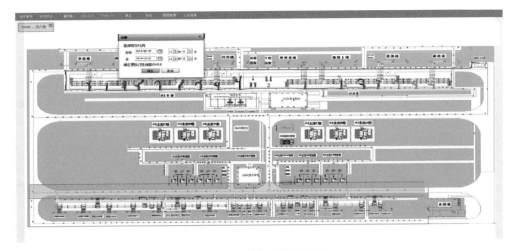

图 5-32　挂牌提示框界面

完成挂牌操作后，将鼠标放置于已挂牌区域，页面自动显示挂牌有效时间信息提示；挂牌有效时间显示界面如图 5-33 所示。

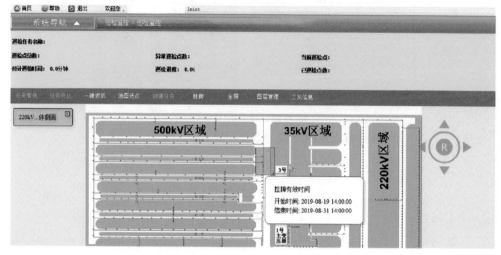

图 5-33　挂牌有效时间显示界面

取消挂牌：点击已挂牌区域，弹出是否取消挂牌区域提示框，点击"Yes"，则取消挂牌区域，点击"No"则关闭提示框。

同一区重复执行挂牌操作，弹出停靠点重复挂牌提示框，不可进行重复挂牌操作。

一键返航：任务终止状态下，点击"一键返航"按钮，则自动返航至充电处。

图层管理：点击"图层管理"按钮，弹出图层选择框，通过勾选图层名称选择项，页面自动刷新显示已勾选的图层信息。

5.2.4　巡检结果确认

巡检结果确认模块主要包括设备告警查询确认、主接线展示、间隔展示、巡检结果浏览、巡检任务审核、巡检报告生成六个模块。用于对机器人的巡检结果，包括各类设备告警信息数据，以及各巡检点位采集的图像、音视频信息等进行核查确认，并生成巡检报告。

选择巡检结果确认模块，系统导航主目录如图 5-34 所示。

5.2.4.1　设备告警查询确认

设备告警查询确认实现当前设备告警信息的审核确认，以及对历史设备告警信息的查询、浏览、输出功能，同时可分析设备告警频次、告警等级等情况。

点击设备告警查询确认模块名称，进入设备告警查询确认主页面，设备告警主界面如图 5-35 所示。

图5-34　系统导航主目录

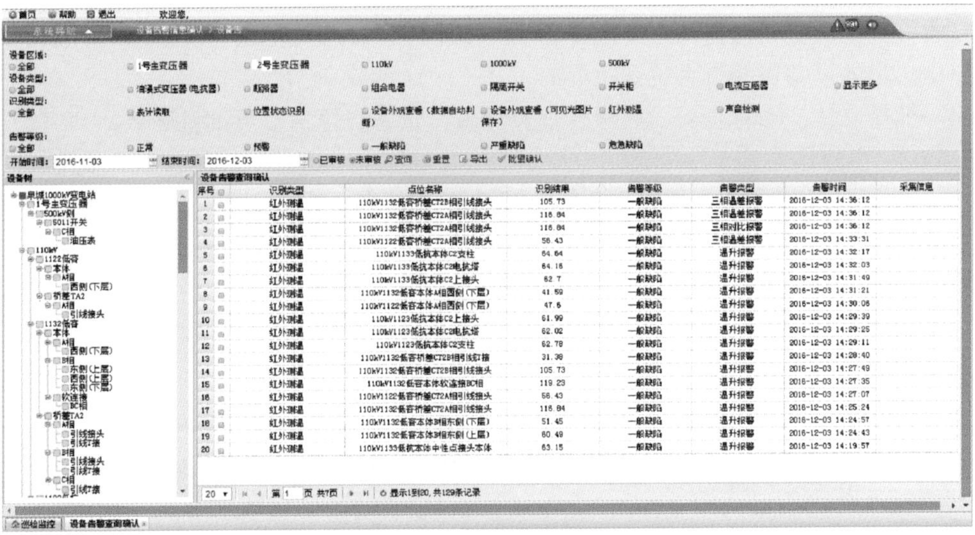

图5-35　设备告警主界面

本模块主要包含告警确认（单条确认和批量确认）、导出、查询、重置操作。

告警确认（单条确认）：普通用户登录时设备告警信息可逐条确认。

双击任意一条设备告警确认记录，进入告警确认界面，告警确认界面如图 5-36 所示。

本页面主要包含可见光、红外、音频、阈值等信息的展示和识别结果编辑两部分。

音频：点击音频文件中的播放、暂停按钮，即可进行音频信息的播放暂停操作。

图 5－36　告警确认界面

识别结果信息填写完成后，点击"确认"按钮，弹出设备告警审核成功提示，完成告警确认审核操作；点击告警确认页面中的"取消"按钮，则关闭告警确认弹出框，进入设备告警查询确认主界面。

批量确认：当管理员、超级管理员登录时设备告警信息可批量确认。

5.2.4.2　主接线展示

主接线展示主要以主接线图形式直观显示全站设备告警情况，界面主体按照变电站主接线和设备实际布置情况绘制。包含主变压器、组合电器、断路器、隔离开关、开关柜、电压互感器、电流互感器、避雷器、并联电容器组等一次设备图元符号及设备名称。

点击巡检结果确认下的主接线展示模块名称，进入主接线展示主页面，主接线展示界面如图 5－37 所示。

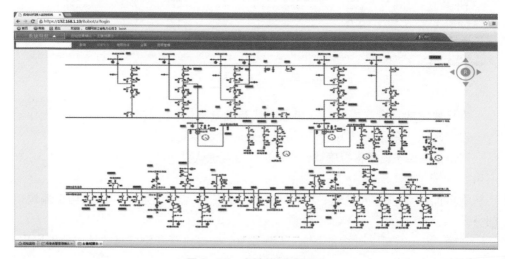

图 5－37　主接线展示界面

本模块主要有查询、创建任务、地图选点、全屏和图层管理功能，实现了间隔查询、地图选点的任务创建、图层设置及地图全屏等操作。

5.2.4.3　间隔展示

间隔展示主要以间隔形式直观显示全站设备告警情况，以最近一次巡检结果为准。

（1）界面默认显示为全站告警页面，显示所有间隔列表，间隔名兼具报警汇总的功能，本间隔正常时显示为绿色，预警状态时显示为蓝色，一般缺陷时显示为黄色，重要缺陷时显示为橙色，紧急缺陷时显示为红色（间隔名称进行颜色标识）。

（2）点击全站告警一览表的间隔名，进入间隔告警页面，显示该间隔的所有点位，点位正常时显示为绿色，预警状态时显示为蓝色，一般缺陷时显示为黄色，重要缺陷时显示为橙色，紧急缺陷时显示为红色。

5.2.4.4　巡检结果浏览

（1）巡检结果浏览主要以设备列表的形式，依次逐点查询本次巡检任务所包含点位的采集信息，同时对这些信息进行核对、确认。

（2）每个巡检点位包含全部采集信息（分三列：可见光图片、红外图片、音视频，且图片均可弹窗自由缩放）、阈值，用户对采集信息可以作出判断并给出结论，结论包括"识别正常""识别异常"两项，默认识别结果为"识别正常"。如选择"识别异常"时可填入实际情况及告警等级对原始值进行修正。

点击巡检结果确认下的巡检结果浏览模块名称，进入巡检结果浏览主页面，巡检结果浏览界面如图 5－38 所示。

图 5－38　巡检结果浏览界面

本模块主要包含巡检结果审核、导出、查询、重置操作。

5.2.4.5 巡检报告生成

巡检报告生成实现当前巡检任务的报告生成、查询、浏览、输出，以及历史巡检任务的报告查询、浏览、输出功能。具体操作步骤如下所示：

点击巡检结果确认下的巡检报告生成名称，进入巡检报告生成主页面，如图 5-39 所示。

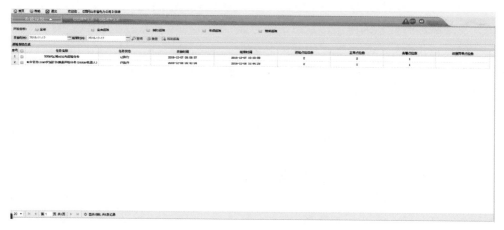

图 5-39　巡检报告生成界面

5.2.4.6 巡检任务审核

巡检任务审核实现巡检任务查询、审核确认及重置操作。

点击巡检结果确认中的巡检任务审核模块名称，进入巡检任务审核主界面，如图 5-40 所示。

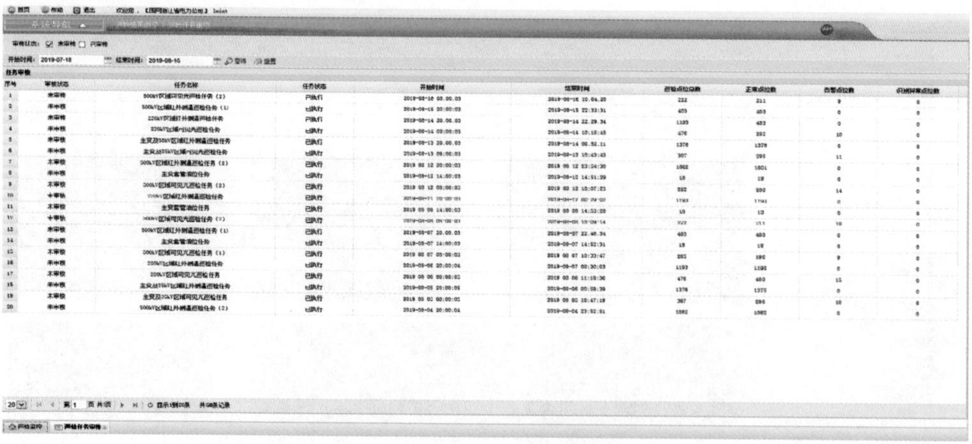

图 5-40　巡检任务审核界面

5.2.5　巡检结果分析

巡检结果分析实现各巡检点位任务的查询、浏览、输出功能,分析各设备的巡检覆盖情况,并可实现对该巡检任务信息查询、浏览及审核确认,具备导出相应报告功能。

选择巡检结果分析模块,巡检结果分析主目录如图 5-41 所示。

图 5-41　巡检结果分析主目录

5.2.5.1　对比分析

对比分析主要实现以设备列表的形式,对全站各巡检点位的采集信息、识别结果进行浏览,进行对比分析,生成历史曲线等功能,并可根据需要生成分析报告。

(1)横向对比分析:通过设备列表选择多个巡检点位(设备列表支持模糊筛选),展示出相应的巡检点位、识别时间和识别结果信息,右侧以宫格形式依次展示所选点位的采集信息,以进行横向的比对。

对比分析界面时间选择框默认最近一个月,记录按倒序排列。

(2)纵向对比分析:通过设备列表选择单个巡检点位(设备列表支持模糊筛选),此时可查询该巡检点位的历史信息,通过时间段进行查询条件设置,展示出相应的识别时间和识别结果信息,右侧以宫格形式按照时间顺序展示所选点位的采集信息,对于可识别信息同时生成相应历史曲线,以进行纵向的比对。

(3)展示采集信息的宫格形式可筛选,分为四宫格、六宫格、九宫格。

(4)巡检点位的采集信息可筛选,分为可见光图片、红外图片和音视频信息。

(5)巡检点位横向或纵向对比信息表均可输出(横坐标为时间,纵坐标为巡检点位识别结果),导出报表格式同查询结果界面。

点击巡检结果分析中的对比分析模块名称,进入对比分析主页面,对比分析界面如图 5-42 所示。

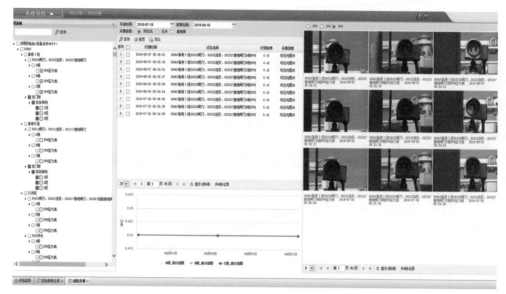

图 5－42　对比分析界面

本模块主要包含导出、查询、重置功能，用以实现点位信息导出、查询及界面重置操作。

查询：选择左侧设备列表信息（支持单选和多选操作），自动刷新显示出对应的点位信息，选择开始时间和结束时间（时间选择框默认最近一个月）及采集信息类型（可见光、红外、音频）；点击"查询"，即可查询出符合所选条件下的点位记录。

导出：点击对比分析界面中的"导出"按钮，弹出文件下载保存提示，点击"保存"按钮执行下载操作，完成导出操作。生成的 Excel 表格格式与当前页面格式相同。

导出报表显示规则：① 只导出当前页面下的记录；② 导出报表格式：报表布局采用纵向显示，先显示点位记录信息，再显示图片显示，最下端显示曲线图。

重置：执行页面操作后，点击"重置"，执行重置操作，页面整体刷新为该页面初始状态。

5.2.5.2　生成报表

生成报表页面具备选定设备的巡检信息和数据并输出功能。

点击巡检结果分析下的生成报表模块名称，进入生成报表主页面，生成报表界面如图 5－43 所示。

本模块主要包含自定义报表、导出、查询、重置等功能。其中，自定义报表功能通过设备名称、设备区域区域、设备类型、识别类型、表计类型等字段选择，可生成需要的字段内容并可进行报表导出、查询及界面重置的操作。

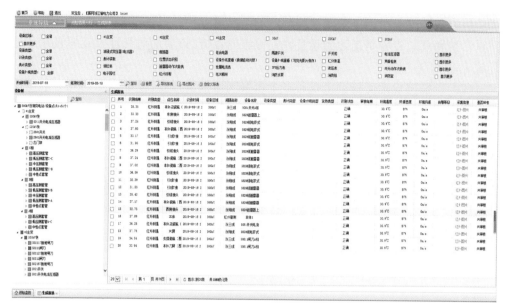

图 5-43　生成报表界面

5.2.6　用户设置

用户设置模块主要实现告警阈值设置、权限管理、用户管理、组织机构、日志管理等功能。

选择用户设置模块，用户设置主目录如图 5-44 所示。

图 5-44　用户设置主目录

5.2.6.1　告警阈值设置

告警阈值设置实现设备巡检告警阈值的设定，包括预警、一般告警、严重告警和危急告警四个缺陷等级告警。

（1）预警就是对于未达到缺陷程度的信息进行预告，提醒用户注意；一般告警、严重告警和危急告警是指达到设备缺陷等级的数值。该界面对管理员及超级管理员开放。

（2）告警值设定支持单个设备多个报警阈值批量保存，并能根据需要对单个设备报警阈值进行手动调整。

点击用户设置下的告警阈值设置模块名称，进入告警阈值设置主页面，告警阈值界面如图 5-45 所示。

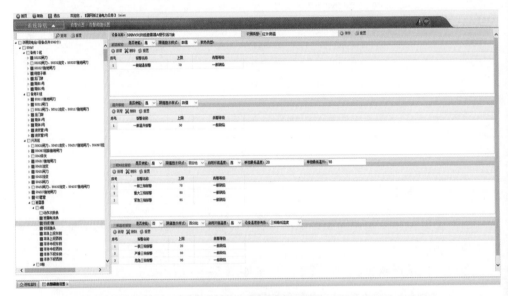

图 5-45　告警阈值界面

5.2.6.2　权限管理

权限管理实现对角色信息以及权限的设置。

5.2.6.3　用户管理

用户管理可实现对用户的查询、新增、删除、修改、初始化密码以及重置等操作。

5.2.6.4　组织结构

组织结构主要展示组织结构信息，可以对组织机构进行编辑、添加下级部门以及删除操作。

5.2.7　后台操作

机器人遥控可实现任务控制、机器人控制和各类功能按键控制功能。机器人遥控界面如图 5-46 所示。

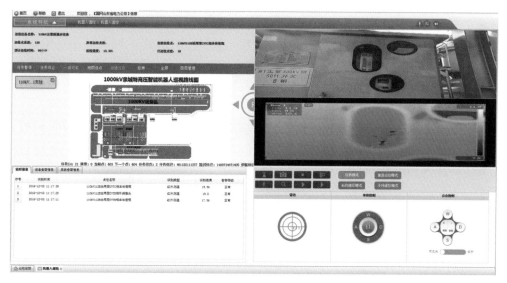

图 5-46　机器人遥控界面

　　该模块主要包含实时信息、设备告警信息、系统告警信息及巡检地图界面功能。
　　（1）机器人控制可在任务模式、紧急定位模式、后台遥控模式、手持遥控模式间切换。可通过云台和车体实现对机器人的手动控制；机器人遥控操作界面如图 5-47 所示。

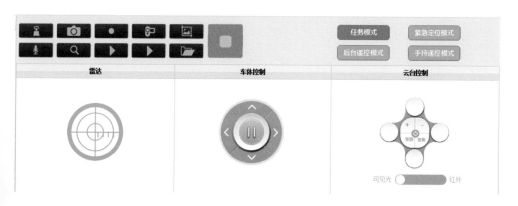

图 5-47　机器人遥控操作界面

　　1）任务模式：机器人根据系统下发的计划任务，按设定路径，对指定巡检点自动开展巡检工作。正常情况下均使用此模式。
　　2）紧急定位模式：通过点击相应设备，机器人可自动行进至预定位置对该设备进行巡检。适用于事故处理等紧急情况。
　　3）后台遥控模式：通过界面中的车身控制盘和云台控制盘对机器人进行实时

控制，可自由切换角度，方向等。适用于全方位查看设备状态或对未设置巡检点位的设备进行巡检。

4）手持遥控模式：用户利用手持遥控器对机器人车体和云台进行控制，此时后台监控失去控制权，并且"手持遥控模式"点亮。适用于机器人转运或故障情况时对机器人进行控制。

（2）遥控控件操作区域：主要操作有获取机器人控制权、录音、抓图、录像、回放、看图等功能按键。音频和视频文件以设备名称＋时间＋序号的形式命名（如1号主变压器20160406001.dat），并存放到对应文件夹；支持音频、视频文件回放。

5.2.8 辅助系统

辅助系统厂家设置模块主要实现巡检地图维护、软件设置及机器人设置等功能。

选择机器人系统调试维护模块，机器人系统调试维护目录如图5－48所示。

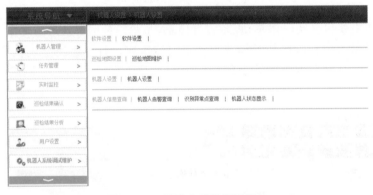

图5－48　机器人系统调试维护

点击机器人系统调试维护下的机器人设置模块名称，进入机器人设置主页面，该页面包括机器人参数设置和机器人控制两部分，其中，机器人参数设置实现对机器人本体各功能的设置，从而满足机器人执行各类任务的需求。机器人设置界面如图5－49所示。

（1）机器人参数设置：需要设置的参数包括机器人通信中断及告警设置部分（告警后执行机制设置、中断后执行机制、机器人行进速度、雷达报警距离、电池容量报警）、云台控制部分（云台初始化位置X、Y轴、云台水平偏移量、云台垂直偏移量）。

（2）机器人控制：主要实现控制模式的切换以及红外、可见光、雨刷、避障、车灯状态、充电房（前门）、充电房（后门）和机器人状态等功能的设置。

图 5－49　机器人设置界面

5.3　集中监控界面形式二[1]

5.3.1　系统主界面

　　该页面为用户登录成功后的初始页面，主要展示当前省的地图信息、机器人实时运行状态、累计设备报警、设备实时报警。

5.3.2　变电站巡检

　　点击"变电站巡检"直接进入站内系统，默认跳转到当前用户下第一个变电站，从而实现对某个变电站中机器人管理、任务管理、实时监控、巡检结果确认、巡检结果分析及机器人系统调试维护等功能的操作。

5.3.3　机器人管理

　　机器人管理模块主要包括机器人状态、机器人设置、入网管理三部分，其中组织机构树黑色表示有机器人接入，浅绿色表示无机器人接入。机器人管理模块如图 5－50 所示。

---

[1] 此处以南方电网公司为例。

图 5-50　机器人管理

5.3.3.1　机器人状态

机器人状态主要展示各地市局下的机器人状态、各供应商机器人状态、离线机器人信息统计以及机器人本体告警等统计信息，如图 5-51 所示。

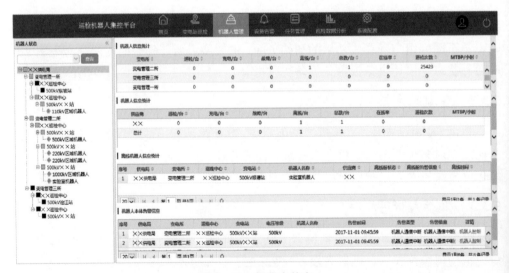

图 5-51　机器人状态

（1）设备列表：层级结构为省公司—供电局—变电所—巡维中心—变电站—机器人。

（2）机器人信息统计：主要统计各组织机构及供应商下处于各状态的机器人数量及在线率等信息，统计信息随左侧设备列表中选取对象同步变化。

（3）离线机器人信息统计：在设备列表中选择组织机构，展示设备列表中所选组织机构下离线机器人的简要信息，包括机器人所属机构、机器人名称、供应商、离线前状态、离线前告警信息、离线时间，均为实时信息，默认按离线时间倒序排列，可根据表头各类别改变排序。

（4）机器人本体告警信息：在设备列表中选择组织机构，该区域展示被选中的组织机构下机器人本体告警信息，包括组织机构、电压等级、机器人名称、机器人状态、告警信息、告警时间等，并提供机器人控制链接。

（5）点击告警信息后面的链接"机器人控制"，系统跳转至"机器人遥控"页面。

（6）机器人信息：当单击左侧树中的机器人时，右侧会查出选中机器人的相关信息，如图 5-52 所示。

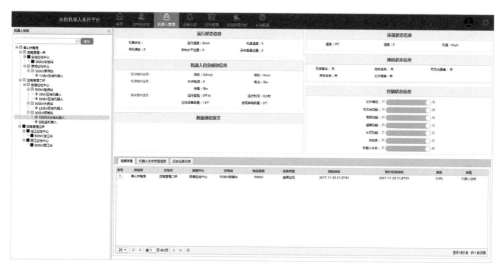

图 5-52　机器人信息

（7）运行状态信息：显示机器人当前的状态、运行速度、机身温度、相机倍数、云台水平位置、云台垂直位置等相关信息。

（8）环境状态信息：显示机器人采取的站内的温度、湿度、风速信息。

（9）机器人自身模块信息：显示机器人驱动模块、电源模块、系统模块等信息。

（10）通信状态信息：显示机器人无线基站、控制系统、可见光摄像、充电系统、红外摄像等信息。

（11）控制状态信息：显示机器人红外模式、可见光功能、雨刷功能、避障功能、车灯功能、充电房、机器人状态等信息。

（12）任务详情：显示机器人当前正在运行的任务，通过"详情"字段中的"机器人控制"可跳转到集控标准化的机器人控制页面，对机器人进行云台和车身的控制。

（13）机器人本体告警信息：显示机器人本体告警。

（14）历史任务列表：显示机器人已跑过的任务。

5.3.3.2 机器人设置

提供机器人基本信息、云台初始位置设置、通信及告警及控制信息的设置与修改，仅超级管理员可访问该模块并进行相关操作。机器人设置界面如图5-53所示。

图5-53 机器人设置

（1）基本信息：用来实现设置机器人的基本信息，操作时设备列表中必须选择具体机器人。

（2）控制信息：用于控制机器人，将机器人上面的设备打开或关闭，包括红外模式、可见光功能、雨刷、避障功能等。

5.3.3.3 入网管理

入网管理主要包括机器人信息展示、机器人接入和退出集控平台等功能。其中左侧组织机构树部门级节点中黑色表示有机器人接入，绿色表示无机器人接入。入网管理界面如图5-54所示。

图 5－54　入网管理

（1）机器人接入。录入信息包括各级组织机构、入网时间、生产厂家、ID 信息、机器人名称及出厂信息等基本信息。

（2）机器人退出。机器人不再受集控控制，该机器人的数据不再上送，机器人的历史数据可查询，已退出的机器人不能再次退出。

5.3.4　设备告警

设备告警模块主要查询当前用户权限下所有变电站设备告警的已处理和未处理信息以及所有设备告警的历史信息，主要包括现存告警信息和历史告警信息两大模块。

5.3.4.1　现存告警信息

根据左侧设备列表查询过滤已处理和未处理的设备告警信息，单击左侧变电站，展开该变电站下设备列表，选择设备，右侧自动查询出与所选设备相关的报警信息，为考虑查询效率与用户体验，一次只能展开一个变电站的设备列表，当单击第二个变电站时，会自动关闭上一个变电站的设备列表。现存告警查询界面如图 5－55 所示。

图 5－55　现存告警查询

5.3.4.2 历史告警信息

查询当前用户下所有的变电站的设备告警信息,默认查询一个月数据。

5.3.5 任务管理

任务管理主要展示当前用户下所有变电站中机器人当前执行的任务与所有机器人执行的历史任务信息,该模块主要分为当前任务和历史任务功能两个模块。

5.3.5.1 当前任务

当前任务主要展示当前用户下各变电站正在执行中的任务,如图 5-56 所示,设备列表为主选区,任务筛选框为辅助选区,二者共同决定表格中展示内容,任务信息根据任务开始时间倒序排列,也可通过单击表头类别按其顺序或倒序排列,其中设备区域是随着选择左侧设备列表中的变电站节点而动态改变。

图 5-56 当前任务

5.3.5.2 历史任务

提供查询当前用户下所有变电站中机器人巡检的历史任务信息,默认查询一个月的历史任务信息,界面如图 5-57 所示。

5.3.6 巡检数据分析

巡检数据模块主要展示当前用户下各变电站巡检报告和巡检数据的对比分析,分为巡检报告和巡检数据两大模块。

5.3.6.1 巡检报告

巡检报告模块展示各变电站已审核的巡检任务的巡检报告概要信息,且提供详细巡检报告,界面如图 5-58 所示。

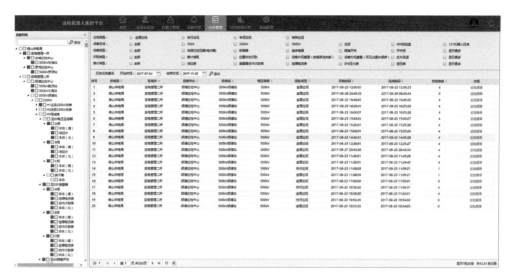

图 5-57　历史任务

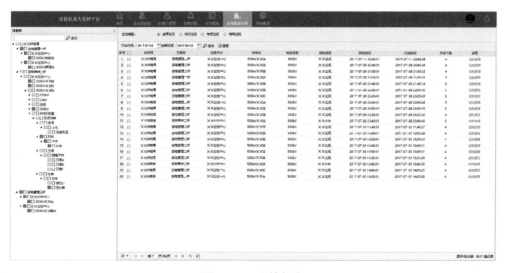

图 5-58　巡检报告

5.3.6.2　巡检数据

对变电站巡检点位的巡检数据进行对比分析,包括图片、音频等数据,且可根据筛选条件提供巡检点的历史巡检数据及其趋势曲线图。

5.3.7　系统配置

系统配置包括系统管理和系统设置两个功能模块,实现用户管理、权限管理、角色管理、菜单管理、变电站管理、日志管理、页面设置以及网络映射设置等功能。

5.3.7.1 用户管理

用户管理可实现对用户的查询、新增、删除、修改、初始化密码、重置以及角色授权等操作。点击系统配置下的用户管理模块名称，进入用户管理主页面。

5.3.7.2 角色管理

权限分为普通用户、管理员、超级管理员。普通用户：可进行任务管理、实时监控、巡检报表、设备告警查询、巡检结果分析、系统告警查询等模块的功能使用。管理员：在普通用户基础上，可进行用户设置模块的功能维护。超级管理员：可进行系统各模块、功能的全面编辑、修改。

5.3.7.3 组织机构

组织结构主要展示组织结构信息，可以对组织机构进行编辑，添加下级部门以及删除操作。点击用户设置下的组织机构模块名称，进入组织机构主页面。

5.3.7.4 日志管理

在系统配置下点击日志管理，进入日志管理信息展示页面，在这里可以对日志信息进行查询操作。点击用户设置下的日志管理模块名称，进入日志管理主页面。

5.3.7.5 菜单管理

提供对菜单的新增、保存、删除、刷新、重置操作。

5.3.7.6 变电站管理

维护变电站信息，可进行查看和编辑具体变电站信息。

5.3.7.7 页面配置

主要设置全局信息，如首页实时刷新频率的配置，首页地图中站点的温度、湿度的取值范围。

5.3.7.8 网络映射设置

主要解决跨路由访问的问题。

5.4 本地监控界面形式二❶

5.4.1 界面主页

本地监控界面如图 5－59 所示。

---

❶ 此处以南方电网公司为例。

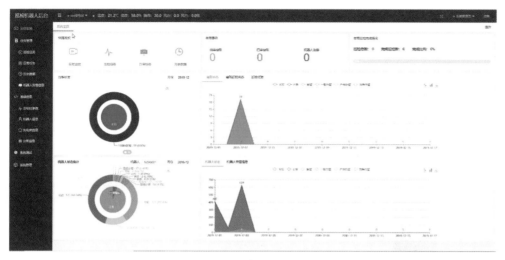

图 5-59　本地监控界面

5.4.2　系统管理

客户登录系统后会显示系统管理菜单文件夹，系统管理菜单下分别有菜单管理、角色管理、机构管理、系统管理员、系统参数。

5.4.2.1　菜单管理

点击"菜单管理"菜单，会弹出菜单管理界面，默认以树结构的形式展开现有系统的菜单。菜单管理功能有"添加子菜单""编辑""功能""删除"按钮功能。点击菜单名称左边的按钮可以折叠或展开菜单。

5.4.2.2　角色管理

后台管理权限根据上下级关系分为三个角色：超级管理员、管理员、普通用户，上级权限是自身及其所有下级权限的综合。点击"角色管理"菜单，会弹出角色管理界面。用户管理有新增用户、修改用户和用户权限设置按钮功能。

5.4.2.3　机构管理

点击"系统管理→机构管理"菜单，会弹出机构管理界面，默认以树结构的形式展开现有系统的机构。机构管理功能有"添加子机构""编辑""删除"按钮功能。

5.4.2.4　系统管理员

系统管理员功能有"搜索""增加""编辑""删除"。

5.4.2.5　系统参数

点击系统参数菜单，系统会跳转到系统参数管理页面。点击左侧父级节点，就会在右侧显示其下一级节点的信息。可增加、编辑、删除系统参数。

5.4.3 基础信息

5.4.3.1 变电站参数

此模块为后台系统编辑变电站信息。在添加子机构后，在机构名称下拉框中选择机构，点击左侧菜单的"基础信息→变电站参数"。在此面板中可进行变电站基本参数配置、地图参数设置和地图线路设置。

（1）变电站基本参数配置。点击"变电站基本参数配置"按钮可进行变电站基本参数配置，如图 5–60 所示。

图 5–60　变电站基本参数配置

（2）地图参数设置。点击"导入地图"，将绘制好的电子地图导入后台系统后，在后台系统中点击"基础信息→变电站参数→地图线路设置→增加线路"。在弹出的对话框中选择典型位置点，命名线路后，点击"地图参数设置"通过调整右边编辑面板中的相对坐标 X、相对坐标 Y、比例、旋转等控件，将位置点与图像匹配即可。地图参数设置界面如图 5–61 所示。

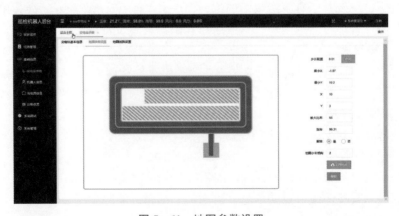

图 5–61　地图参数设置

（3）地图线路设置。点击"地图线路设置"按钮，弹出如图 5-62 所示的对应变电站的地图线路设置对话框。

图 5-62　地图线路设置

5.4.3.2　机器人信息

点击"基础信息→机器人信息"进入模块为变电站下创建机器人数据，如图 5-63 所示，主面板展现了当前登录者所在变电站下的所有机器人。主面板显示所选中的机器人当前的各项信息。

图 5-63　机器人信息

（1）新增/编辑机器人。点击"新增/编辑"按钮进入新增/编辑机器人面板，输入各项信息后点击确认，新增/编辑成功。

（2）机器人入网认证授权。为了实现"一机多站"或者"一站多机"，保障监控后台接口的访问安全和数据安全，并且防止机器人之间互相窜网控制，对接入的机器人进行安全认证授权，使用令牌 Token 进行访问。

机器人接入统一后台系统前，首先在后台系统注册设备名称和随机产生密钥。机器人主控系统每次 TCP 联接后台系统时，必须传这两个参数＋设备 Mac 地址，经由后台系统认证后产生 Token 令牌并返回，接下来机器人每次业务请求，必面带到 Token 令牌；Token 令牌长期有效，除非断网重联才会产生新的令牌。

当一个机器人首次访问后台系统时，系统自动绑定设备 MAC 地址，作为唯一认证。

设备名称由英文字母和数字组成 12 位字符串，在系统中必须是唯一的，设备名称将作为 TCP 联接对象的关联的映射值。

（3）管理云台和导航服务。在机器人主面板选中一条纪录，点击列表上方的相关功能按钮，即可进行开启和关闭云台和导航操作。

5.4.3.3 充电房信息

点击"基础信息→充电房信息"进入模块，主面板展现了当前登录者所在变电站下的所有充电房。在该页面，可控制充电房开/关房、启用/停用充电房。

5.4.3.4 台账信息

设备台账信息以树状结构的形式表现，台账树是由变电站、设备区域、间隔、设备部件构成的树形结构。点击"基础信息→台账信息"进入模块为导入的变电站下台账信息，如图 5-64 所示，通过点击左侧的菜单进入主面板。

图 5-64　台账信息

（1）新增/编辑台账信息。点击"新增/编辑"按钮，跳转到对应页面。填写相关信息项，点击"提交"，即可成功新增/修改台账信息，其中台账信息按照变电站智能巡检机器人标准点位库进行采集。

（2）台账导入。点击"台账导入"按钮，弹出导入台账对话框。选择站点，选择文件，点击"导入数据"按钮，即可成功导入文件中的台账数据。

（3）模板下载。点击"模板下载"按钮，即可下载到台账文件对应的模板。

（4）导出台账。点击"导出台账"按钮，即可下载到台账 Excel 文件。

（5）告警配置。点击"告警配置"按钮。点击"新增/编辑"按钮。可针对表计识别和红外测温的巡检结果设置正常、预警、一般告警、严重告警和危急告警 5个告警级别，填写相关信息项，点击"提交"，即可成功新增/修改台账信息。

（6）三相设置。针对红外测温的巡检结果，可配置设备 A、B、C 三相的温差分析对比，点击"三相设置"按钮，跳转到对应页面。点击"新增"按钮，选择要进行三相对比的部件，即可新增信息。

5.4.4 系统调试

系统调试模块的主要功能为添加任务巡检点，点击"系统调试→布点"，即可进入完成添加任务巡检点的操作。

5.4.4.1 添加任务巡检点流程

在进行机器人任进行任务布点之前，需要添加任务点信息：在台账设备上添加巡检部件；导出带有台账信息的巡检点信息文件；填写巡检点信息文件；导入巡检点信息文件。

5.4.4.2 位置点坐标采集

变电站地图创建后，工作人员操控机器人运动到巡检点位，机器人自动获取巡检点位的地图坐标并上传给后台系统。工作人员此时在变电站现场确定该巡检点位上的检测任务，可通过部点 APP 拍摄相关图像作为后续参考。

后台操作人员点击"系统调试→布点"菜单，进入添加任务巡检点页面。此模块可根据遥控机器人回传得到的数据创建巡检任务点，可在此模块进行任务巡检点的新增、编辑和删除。该模块可远程控制机器人的行驶，包括控制机器人的行驶速度、方向。同时可通过面板上的实时画面显示来观测周围环境。布点界面如图 5－65所示。

在布点界面的"位置点管理"点击"新增"按钮，如图 5－66 所示，在弹出的界面中勾选"位置类型"，此阶段要完成变电站全部巡检点位、拐点、充电桩和充电站的地图坐标采集，后台系统能自动获取到位置坐标信息，输入位置点名称，点击"提交"，即完成该位置点采集。

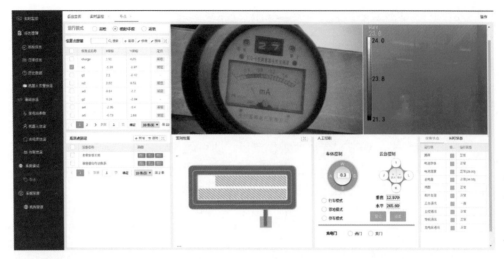

图 5-65　布点界面

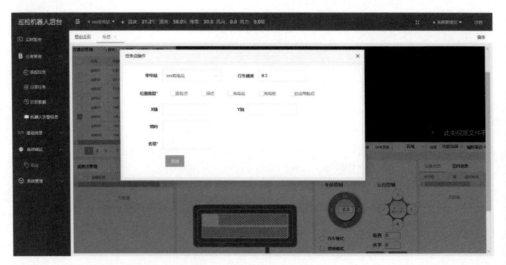

图 5-66　位置点采集

5.4.4.3　巡检点位检测任务数据采集

对于一个巡检点位往往会有多个检测任务,在采集位置坐标后,机器人可自主导航行驶到巡检点位,调试人员可在主控室遥控机器人采集可见光图像、红外图像、声音数据等检测任务数据,也可在上一步确定检测任务同时在变电站现场通过移动端 APP 操控机器人采集检测任务数据。

在布点界面的"观测点管理"点击"新增"按钮,如图 5-67 所示,在弹出的界面的台账树中选择部件名称,勾选识别类型后,后台系统能自动获取机器人上传的巡检点信息,点击"提交"按钮即完成当前巡检点任务信息的采集。

图 5-67 观测点新增

5.4.4.4 巡检点位检测任务模板配置

变电站巡检点位采集的数据数量众多,为保证检测任务顺利执行需要配置模板,对于一个检测点位往往有多个检测任务,一个检测任务可以配置多个模板,后台系统根据配置的模板数量执行相同次数检测操作,如一些表计会有多个指针和数字,可通过配置多个模板完成全部识别任务。

5.4.5 任务管理

为机器人创建一个执行计划,每次执行计划的时候都会根据该计划为机器人生成一个任务,可为该计划绑定需要巡检的任务点,并且可为该计划指定一个执行时间。进入系统,登录到主页面,在菜单导航点击巡检计划,如图 5-68 所示,巡检计划面板显示当前登录用户所属变电站所有的计划数据。

图 5-68 巡检计划

5.4.5.1 巡检任务

（1）新增巡检任务。点击计划面板上的"新增"按钮，弹出新增巡检计划的面板，如图 5-69 所示。

图 5-69　新增巡检任务

（2）创建定时任务。选择对应巡检任务，新增定时任务，如图 5-70 所示，即可设置机器人自动执行周期性巡检任务。

图 5-70　创建定时任务

5.4.5.2 日常任务

此模块的主面板展现当前登录用户所属变电站下所有的机器人的任务。此模块可对正在执行的任务进行暂停、挂起、启动等操作。日常任务界面如图 5−71 所示。

图 5−71　日常任务

5.4.5.3　历史数据

此模块可对以往检测结果的数据进行查询,通过点击面板上的历史数据查询按钮进行主面板。历史数据查询界面如图 5−72 所示。

图 5−72　历史数据查询

（1）设备查询。利用面板左侧的节点树查询数据,节点树上分别以变电站、区域、部件类型、设备、部件依次展开。点击左侧树上的节点,右侧的数据表格会实时显示该节点下的所有历史数据,同时数据表格上可经由两个日期筛选的按钮对数据日期的筛选。

（2）任务查询。可以利用面板左侧的任务列表查询数据，点击列表中的任务名称，右侧的数据表格会实时显示该任务下的所有历史数据。

（3）详细查询。当点击面板左侧的详细查询时，会在列表中将全部的巡检部件列出，如图 5-73 所示。

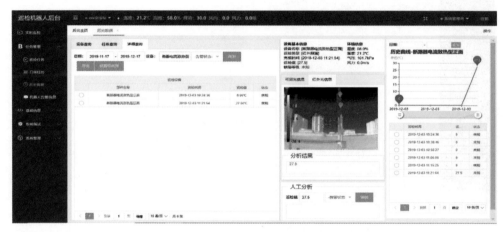

图 5-73 详细查询

位于数据表格右侧的面板可实时显示所选中的数据的详细信息。包括该条巡检数据的分析结果，图片等，并可对检测异常，最终得不到巡检值或检测告警等级（缺陷等级）的数据进行人工的修正。

5.4.5.4 机器人告警信息

机器人在运行过程中内部程序会给出运行状态自检测信息，当出现内部程序报警信息时，后台系统会将其捕获并显示在此模块中，如图 5-74 所示，用户可逐条对机器人的告警信息进行审核。

图 5-74 机器人告警信息

5.4.5.5　巡检任务互动流程

机器人与服务端巡检任务互动流程，包括任务下发，路径规划通知、巡检数据上传、文件上传、任务点完成通知等，步骤如下：

（1）系统操作员或者任务定时器发起巡检任务，系统打包巡检内容数据（任务类型、位置点、云台姿态编号）向机器人发送。

（2）机器人收到数据包后，根据位置点数组与当前车的位置进行路线规划，并发给后台系统。

（3）后台系统根据位置点数组，渲染电子地图路线。

（4）如果巡检任务需操作员确认，操作员确认后方可巡检，如不需要，机器人马上启动巡检任务。

（5）机器人到达任务点时，通知后台，并根据业务需求做对应的作业。

（6）当在该位置点完成任务时，就启动导航到下个位置点，重复第（5）步的工作。

（7）当所有的任务完成时，就结束工作。

5.4.6　实时监控

5.4.6.1　巡检监控

此功能模块可实时显示机器人当前的状态，在执行的任务和实时位置等。通过点击图 5－75 中左侧的实时监控菜单进入该模块。

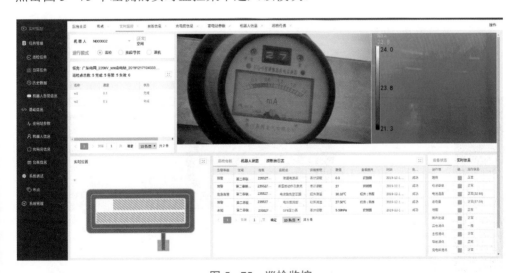

图 5－75　巡检监控

巡检监控模块主面板主要分为上下两大区域，上部分区域主要作用是显示机器人的实时画面。正在执行的任务点。可以从左侧面板上完成对机器人当前执行任务的巡检，切换机器人控制模式为挂起/手动，返航等操作。

通过面板上方的下拉框选择要监控的机器人，选中机器人后，面板上会实时显示选中机器人当前的信息。下半部份主要显示机器人的实时位置，实时信息，当前任务下的巡检部件，设备的状态等信息。

5.4.6.2　任务控制

后台系统可实现当前选中的机器人对当前正在执行的任务的暂停,挂起,返航,并切换人工控制模式。任务控制界面如图5-76所示。

图5-76　任务控制

5.4.6.3　实时位置/信息

在图5-77所示的监控页面左下角的电子地图中，会实时显示选中机器人的当前位置。

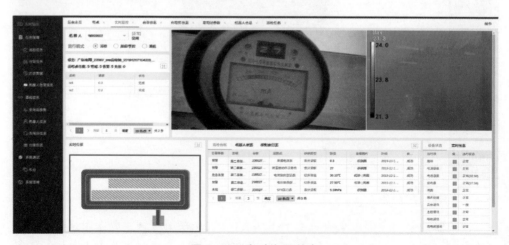

图5-77　实时位置/信息

5.4.6.4 实时画面

监控页面中实时显示选中机器人上的可见光摄像头与红外热成像摄像头的画面。

5.4.6.5 巡检信息

如图5-78所示的监控页面中显示机器人当前任务下检测的部件信息，以及机器人运行过程中产生的状态日志，方便用户了解机器人的运行状况。

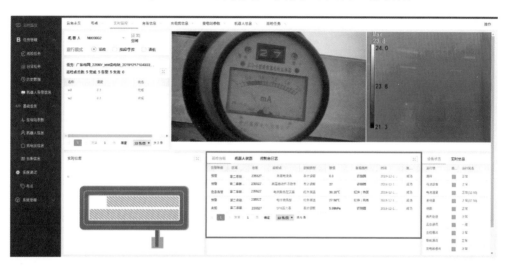

图5-78 巡检信息

5.4.6.6 设备状态

如图5-79所示的监控页面中显示当前机器人上的各项设备的实时运行状态。

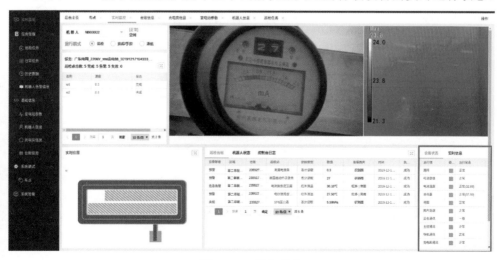

图5-79 设备状态

5.4.6.7 机器人人工控制模式

可将当前机器人正在自动执行的任务切换成人工控制的模式手工控制机器人行驶。点击上方的按钮或通过切换下方的标签切换至人工控制面板，通过面板中车体控制与云台控制两大按钮组来实现对机器人的人工控制。机器人人工控制模式界面如图 5-80 所示。

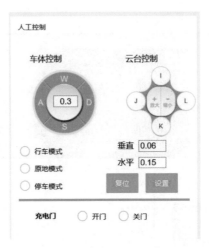

图 5-80 机器人人工控制模式

5.4.7 集控平台对接

集控平台与监控后台对接后，能完成以下功能：

（1）模型同步，包括获取台账信息、巡检点位信息和巡检任务。

（2）监控后台主动上送变电站信息并获得机器人配置信息。

（3）实时数据上报，包括机器人当前任务信息、巡检值、告警信息、控制状态信息、运动状态信息和变电站内微气象信息等。

（4）任务编制，通过集控后台进行下发巡检任务指令。

（5）任务控制，通过集控后台进行任务下发任务编辑指令。

（6）历史数据同步。

（7）告警审核，通过集控后台进行下发设备告警确认信息。

（8）通过集控后台进行机器人控制。

5.4.8 软件升级

系统管理员在监控后台配置升级软件更新包，选择对应的机器人，主控服务端向对应的机器人发起远程更新操作。

第 6 章
日常维护

6.1 机器人监控后台维护

6.1.1 监控后台硬件

查看监控后台显示器、主机、交换机等是否有灰尘，沾灰严重需要进行清洁。

6.1.2 监控后台软件

（1）监控后台的日常维护中，需要查看机器人监控后台显示机器人各个模块的运行状态，若有出现异常，则需要对应进行相应的处理。

1）可见光红外界面图像无显示。ping 可见光红外相机 IP，若不能 ping 通，需检查可见光红外相机电源线和网线接触问题，若紧固后还是无法 ping 通，则需要更换网线或电源线；若能 ping 通，需检查端口配置是否正确，检查可见光红外相机配置参数有无跳变。

2）地图无显示。清理缓存刷新页面；重新生成地图。

3）硬件驱动版本不上报。重启后台；紧固对应硬件各接线端子。

（2）机器人监控页面显示巡检地图、激光匹配、监控视频、本体及云台控制、设备告警信息显示。

新建可见光、红外、音频采集、图像采集、视频采集任务，通过机器人巡检结果判断机器人在上述巡检任务相关的模块功能是否正常。

6.2 机 器 人 本 体 维 护

6.2.1 外观维护

（1）检查机器人各个部件表面是否干净整洁，外壳有无明显破损变形，外壳漆面有无划痕，外壳文字标示是否清晰完整，各个紧固螺栓是否生锈，必要时需要进行防腐处理。

（2）检查机器人的各个衔接处是否有缝隙，有则需要进行密闭性修复（见图 6-1）。

6.2.2　云台维护

（1）云台本体维护。

1）开机查看云台自检情况，观察是否有卡顿或严重异响，如有卡顿或严重异响，需检查云台内部螺栓有脱落、云台内部是否有异物等问题。

2）在自检完成之后，查看云台初始零位是否在正前方，如果有偏差，需要手控控制云台至正前方，然后在串口调试工具中输入命令，纠正其初始零位。

（2）可见光摄像机维护。

1）检查可见光摄像机镜头是否沾灰，如有则需要用拭镜布进行小心擦拭（见图 6-2）。

图 6-1　机器人外观维护

图 6-2　可见光相机维护

2）通过监控后台的监控界面，查看可见光视频是否流畅，如视频卡顿需检查可见光相机水晶接头是否接触不良，ping 可见光相机是否掉包，通信是否受到影响等。

（3）红外热像仪维护。

1）检查是否沾灰，如有则需要用拭镜布进行小心擦拭（见图 6-3）。

2）通过后台监控界面，查看红外视频是否流畅，如果有异常，需检查接线情况和相机参数配置。

（4）补光灯维护。

1）检查补光灯开关是否正常。

2）将补光灯的光感传感器用电工绝缘胶带遮挡，观察补光灯是否亮，补光灯的亮度是否正常。

图6-3　红外热像仪维护

（5）雨刷维护。检查雨刷橡胶是否老化破损，老化破损后需要即时更换，点击后台监控页面的雨刷器控制按钮，通过可见光视频观察雨刷是否工作。

6.2.3　激光维护

1）检查激光窗口镜面及表面外壳是否存在污渍。

2）检查激光窗口镜面及表面外壳是否存在划痕。

3）检查激光指示灯是否常亮，如指示灯时亮时灭，需检查激光电源线端子接线是否存在接触不良（见图6-4）。

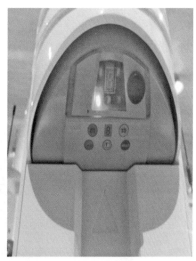

图6-4　激光图片

6.2.4　工作状态指示灯维护

查看机器人工作状态指示灯是否正常（见图6-5）。

（1）按下开机按钮后指示灯开始闪烁，开机后指示灯亮并停止闪烁。

（2）当机器人超声停障传感器或防跌落传感器触发时报警指示灯亮，机器人停车。

6.2.5　超声避障维护

定期检查机器人的避障功能是否失效，在机器人前方放置不会对机器人造成损害的障碍物（如泡沫），在监控后台控制机器人，若报警指示灯常亮，机器人停车，则超声避障功能正常（见图6-6）。

图6-5　指示灯

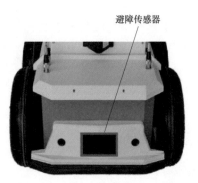

避障传感器

图6-6　超声避障传感器

6.2.6　防撞保险杠维护

定期检查机器人防撞保险杠是否松动，可采用上下摇动保险杠的方法，观察机器人保险杠是否能够活动，若不能活动，则说明保险杠正常（见图6-7）。

保险杠

图6-7　防撞保险杠

6.2.7　防跌落维护

定期检查机器人的防跌落功能是否失效，将机器人慢慢抬高超过 20cm，同时控制机器人行走，若红灯常亮，并且机器人轮子停止转动，则防跌落功能正常（见图 6-8）。

图 6-8　防跌落传感器

6.2.8　轮胎维护

（1）检查轮胎是否严重磨损。
（2）检查轮胎是否与机器人本体有摩擦。
（3）检查轮毂处紧固螺栓是否松动，如有则需要拧紧。
（4）检查轮毂中间的法兰销钉是否丢失或严重生锈损坏，若有则需要及时更换（见图 6-9）。

图 6-9　机器人轮胎

6.2.9　主控制板维护

轻微晃动主控制板各端子，查看连接是否牢固可靠，扳动各组件螺栓查看有无松动。

打开 cmd，输入 ping 网桥、可将光相机、红外相机、激光等的 IP 进行通信功能测试。当页面内容显示时间小于 30ms 时，表示通信功能正常；时间不小于 30ms 时，表示通信功能出现延迟（见图 6-10、图 6-11）。

图 6-10　ping 网络不通　　　　　　　图 6-11　ping 网络通

6.2.10　驱动单元维护

（1）检查电动机传动部位保护设施是否牢固，对新投入运行的电动机还应检查使用条件和接线与标牌所示电压、频率、接法等是否相符。

（2）检查电动机的控制和保护设备是否完整。

（3）检查轴承和充油启动设备是否缺油。

（4）断电后轻轻推动机器人，听取轮胎转动声音是否均匀，是否存在异响。

6.2.11　电池维护

检查电池的续航里程、老化程度，续航不足 4h 的需要及时更换，机器人电池若长时间不用，保证每半个月进行一次充电，防止电池长时间不用而损坏。

6.3　机 器 人 室

6.3.1　机器人室自动门维护

（1）检查机器人室自动门外观是否整洁。

（2）检查机器人室自动门控制系统。手动控制机器人室自动门的开关，查看能否正常开关。

（3）用遮挡物遮挡自动门上下两端的光电传感器,查看传感器的显示灯是否变化（见图6-12、图6-13）。

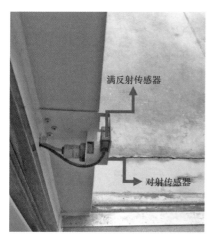

图6-12　机器人室自动门上端光电传感器

图6-13　机器人室自动门下端传感器

6.3.2　供电控制箱维护

（1）检查供电控制箱外观是否整洁（见图6-14）。

图6-14　机器人室供电控制箱

（2）检查供电控制箱各个模块电源指示灯是否正常工作。

（3）检查供电控制箱内线路有无老化,各端子有无松动。

6.3.3　充电模块维护

（1）检查充电模块外观是否有损伤。

（2）检查充电模块固定螺栓是否松动。

（3）检查充电模块充电片是否氧化，严重的需要去氧化或进行更换处理。

（4）检查充电模块充电片弹簧是否失去弹性，必要时需要进行更换。

（5）检查充电模块电压电流显示是否正常。

（6）检查充电模块的线路是否有老化（见图6－15）。

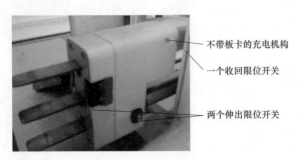

不带板卡的充电机构

一个收回限位开关

两个伸出限位开关

图6－15　机器人充电模块

6.3.4　机器人室周边维护

（1）查看机器人室外观有无破损的情况，若有则进行修复。

（2）查看机器人室基座是否倾斜，若有则进行修复。

（3）检查机器人室是否漏水或积水，若有则进行补漏和疏通工作。

（4）检查机器人室门周围是否有过高的杂草，触发光电传感器的感应，并进行除草，机器人室及其周围环境见图6－16。

图6－16　机器人室及其周边环境

6.3.5　充电桩维护

（1）检查充电桩外观（见图 6-17）。

（2）使用万用表，调到直流档位，极板中间是负极，上下为正极，检测充电极板正负极电压是否正常（27～30V 为正常）。

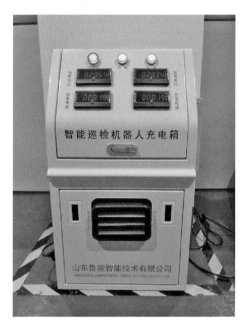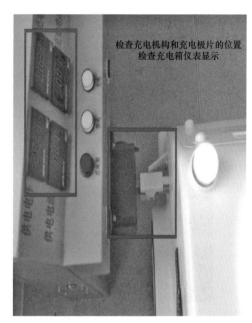

图 6-17　室内充电桩

6.4　巡检道路维护

（1）机器人巡检期间，如变电站设备横放于机器人巡检路线上，影响机器人正常巡检时要先暂停机器人巡检。

（2）定时地进行路边绿化灌木的修剪，避免机器人触发停障传感器或激光定位受影响。

（3）定时地进行道路、电缆盖巡视工作，避免触发防跌落传感器或是因为严重打滑偏离路线。

（4）巡视巡检道路，检查有无障碍物、积水等影响机器人行走、定位的物体（见图 6-18）。

图 6-18　巡检道路维护

6.5　机器人通信基站维护

通过监控后台控制机器人云台转动，查看云台反应速度和视频的流畅度，控制机器人巡检至天线正下方场地和距离天线最远的场地，进行语音对讲和观察图像流畅情况，若出现明显卡顿或对讲干扰严重的情况，需对机器人的天线进行检查或更换。

6.6　微气象系统维护

（1）检查微气象天线支架外观是否完好。

（2）检查支架固定是否牢靠。

（3）检查微气象温湿度传感器、风速传感器等传感器的外观并维护。

（4）检查环境温湿度、风速显示是否正常。分体式微气象见图 6-19，一体式微气象见图 6-20。

图 6-19　分体式微气象

图 6-20　一体式微气象

6.7　机器人场地停车维护

机器人在场地停车见图 6-21。

图 6-21　机器人场地停车

方法 1：选择维护间隔时间段，调出电池历史曲线，检查电池历史曲线，周期曲线结束时间点为机器人出现异常时间点，找到对应时间点日志，通过运行日志记录，再配合对应时间段的录像，即可以诊断故障发生的原因，对应进行维护（见图 6－22、图 6－23）。

log	2019/11/10 16:34	文本文档	5(	
log.txt	2019/11/10 14:13	1 文件	5,0(	
log.txt	2019/3/16 13:47	2 文件	5,0(	
log.txt.3	2019/3/16 11:08	3 文件	5,0(	
log.txt.4	2019/3/16 4:04	4 文件	5,0(	
log.txt.5	2019/3/15 23:15	5 文件	5,0(	
log.txt.6	2019/3/15 16:52	6 文件	5,0(	
log.txt.7	2019/3/15 10:30	7 文件	5,0(	
log.txt.8	2019/3/14 17:55	8 文件	5,0(	
log.txt.9	2019/3/14 9:36	9 文件	5,0(	

图 6－22　运行日志

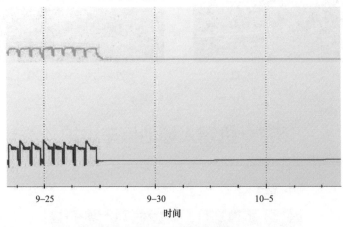

图 6－23　电池历史曲线

（1）激光匹配率低导致的停车，日志显示"无法定位"且现场机器人偏离原巡检路线，停车前机器人左右摇晃。

1）检查周围环境是否有比较大的变化，如有比较大的变化需要重新扫图，如无较大变化可能是机器人停车前后方有人或车导致机器人匹配率降低，需要将机器人推回机器人室重新启动即可。

2）检查激光底座是否松动，轻轻摇动激光，若能够摇动，则需要紧固激光底座螺栓。

（2）机器人运行过程中异常重启导致位置丢失而停车，日志显示"通信连接断开"马上又出现"通信连接恢复"，机器人运行过程中突然停车。

机器人运行过程中工控机电源端子接触不良导致工控机重启会使机器人位置丢失出现半路停车，此时需紧固工控机各端子。

（3）激光程序崩溃导致机器人半路停车，日志中显示"无法定位"且机器人在原运行轨道上，机器人突然停车。

机器人运行过程中后台激光程序崩溃，此时需卸载原激光定位工具，重新安装激光定位工具。

方法 2：由于机器人停车达到一定时间后会自动进入休眠状态，录像会终止，可通过查看录像找到对应的停车时间，再调出对应时间段的日志，诊断问题发生的原因，对应进行维护，维护方法同方法 1。

第7章
巡检数据分析与应用

变电站巡检机器人可开展红外测温、油位油温表抄录、避雷器表计抄录、SF_6 压力表抄录、液压表抄录、位置状态识别等工作。变电站巡检机器人巡检系统提供巡检数据的实时上传和数据分析、信息显示和报表自动生成等后台功能。

机器人采集大量的巡检数据（如可见光、红外巡检数据等），由机器人巡检系统对巡检结果自动分析，将异常数据筛选并报警，报警方式有温升报警、超温报警、三相对比报警、仪表越限报警等。变电站运维人员对异常数据核实确认，当人工核查报警错误，误报警信息直接反馈给机器人；当人工核查报警正确，则根据缺陷的危急程度进行缺陷分类定性处理。危急缺陷应按缺陷处理流程立即通知所辖当值调度采取应急处理措施，相关部门和单位应在规定时间内完成消缺。未消除的暂不影响设备运行的缺陷，根据缺陷情况，相关部门和单位组织进行综合分析判断后，制订必要的预控措施和应急预案，缺陷未消除前机器人应保持跟踪巡视。设备缺陷消除后，利用机器人继续跟踪巡视，确保缺陷已消除，设备运行正常。变电站巡检机器人巡检数据分析流程如图7-1所示。

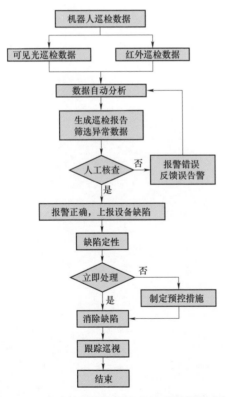

图7-1 变电站巡检机器人巡检系统数据分析

7.1　可见光数据分析与应用

7.1.1　可见光巡检数据审核

7.1.1.1　数据审核管理

机器人日常数据审核工作应纳入日常运维工作范畴，每日交接班前完成，由当值负责人统筹安排，当值运维人员具体对当天完成的数据进行审核，数据审核工作每日开展一次，审核完成后做好审核记录和分析处理，当值负责人确认签字，交接班时应将机器人运行管控情况、数据审查结果、异常处理分析结果、当日设备缺陷情况等事项交接清楚。

数据审核是基于机器人运行状态良好、巡检结果展示清晰、巡检计划任务按期完成基础上进行，核查机器人当日巡检数据、异常告警信息、历史巡检结果等。

机器人巡检报表如图 7－2 所示，巡检报表审核中对设备缺陷异常数据进行确认、核查、分析、分类和定级。表计抄录的点位应首先核对数据识别是否准确，结合前几次数据进行分析，按照变电一次设备标准缺陷库进行定级。数据核查发现新增设备缺陷异常点时，应立即安排人工复核。

C28　分

	A	B	C	D	E	F
1	任务名称	110可见光巡检				
2	任务时间	开始时间：2019-04-29 09:00:00,结束时间：2019-04-29 13:34:32				
3	任务状态	正常结束				
4	巡检点	巡检点总计：382个，正常：377个,告警:2个,识别异常：0个				
5	环境信息	温度:0.00,湿度:0.00,风速：1.000000				
6			告警点位			
7	识别类型	点位名称	识别结果	告警等级	识别时间	采集信息
8	仪表识别	xx1631开关间隔开关 SF_6 压力表0相A面	1.5MPa	一般告警	2019-04-29 09:37:28	
9	仪表识别	2 号主变压器 110kV开关分合标识0相A面	分	一般告警	2019-04-29 11:44:08	
13			正常点位			
14	识别类型	点位名称	识别结果	告警等级	识别时间	采集信息
18	仪表识别	xx1632开关间隔副母闸刀状态识别A相A面	合	正常	2019-04-29 09:12:46	
19	仪表识别	xx1632开关间隔副母闸刀状态识别B相A面	合	正常	2019-04-29 09:13:12	
20	仪表识别	xx1632开关间隔副母闸刀状态识别C相A面	合	正常	2019-04-29 09:13:40	
21	仪表识别	xx1632开关间隔线路接地闸刀状态识别A相A面	分	正常	2019-04-29 09:14:48	
22	仪表识别	xx1632开关间隔流变油位表A相A面	60%	正常	2019-04-29 09:15:16	
23	仪表识别	xx1632开关间隔流变油位表B相A面	70%	正常	2019-04-29 09:15:43	
24	仪表识别	xx1632开关间隔流变油位表C相A面	52%	正常	2019-04-29 09:16:07	
25	仪表识别	xx1632开关间隔开关母线侧接地闸刀状态识别A相A面	分	正常	2019-04-29 09:17:10	
26	仪表识别	xx1632开关间隔开关母线侧接地闸刀状态识别C相A面	分	正常	2019-04-29 09:17:35	
27	仪表识别	xx1632开关间隔开关母线侧接地闸刀状态识别B相A面	分	正常	2019-04-29 09:18:00	
28	仪表识别	xx1632开关间隔开关线路侧接地闸刀状态识别A相A面	分	正常	2019-04-29 09:18:31	
29	仪表识别	xx1632开关间隔开关线路侧接地闸刀状态识别C相A面	分	正常	2019-04-29 09:18:56	
30	仪表识别	xx1632开关间隔线路避雷器动作次数A相A面	0次	正常	2019-04-29 09:20:26	
31	仪表识别	xx1632开关间隔线路避雷器泄露电流A相A面	0.43mA	正常	2019-04-29 09:20:54	
32	仪表识别	xx1632开关间隔开关线路侧接地闸刀状态识别B相A面	分	正常	2019-04-29 09:21:29	
33	仪表识别	xx1632开关间隔线路避雷器动作次数B相A面	2次	正常	2019-04-29 09:22:17	
34	仪表识别	xx1632开关间隔线路避雷器泄露电流B相A面	0.23mA	正常	2019-04-29 09:23:04	
35	仪表识别	xx1632开关间隔开关分合标识0相A面	合	正常	2019-04-29 09:24:05	
36	仪表识别	xx1631开关间隔开关母线侧接地闸刀状态识别A相A面	分	正常	2019-04-29 09:24:37	

Inspection Result

就绪　100%

图 7－2　机器人巡检报表

数据核查发现由于机器人本身原因导致无数据或未识别的数据时，如因设备巡检覆盖率问题导致的巡检数据缺失，应安排人工巡检，数据应填入对应的机器人巡检数据表中，保证数据的完整性及准确性。如为巡检数据异常，应核查每个错误巡检点位近几次异常情况，排除阳光、灯光等环境影响后，确认为异常的巡检点，记录在机器人异常点位库中，并启动机器人巡检点位完善流程，如图 7-3 所示，安排维保人员进行维保。

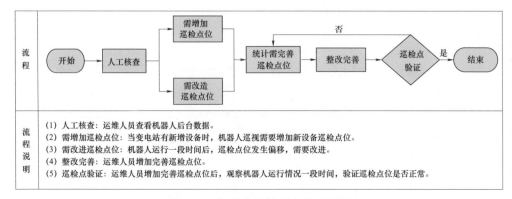

图 7-3　机器人巡检点完善流程图

因环境变化、新（改、扩）建设备，表计更换等情况造成漏检或定值告警范围发生变化需调整时，应做好相关记录，并安排维保人员进行增加和调整。

对报表中机器人无法自动判别的数据（如主变压器硅胶、锈蚀、地面渗漏油等照片）需要开展人工辅助查看确认，对机器人无法巡检以及其他无法准确反映现场设备（机构箱、端子箱、检修电源箱、配电箱、汇控柜、电缆沟、保护装置等）运行情况，应按照巡检周期，安排人工补充巡检，确保现场设备巡检覆盖率100%。

7.1.1.2　告警数据审核操作

运维人员通过"系统导航→巡检结果确认→设备告警查询确认"进入审核页面。

运维人员进入审核页面时，只可对单条告警数据进行确认，如图 7-4 所示，选择告警数据后弹出审核页面，但只可对选择的单一告警数据进行审核。

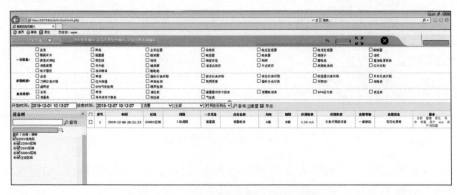

图 7-4　运维人员单条数据确认页面

管理人员进入时，可对告警数据进行批量确认，如图 7-5 所示，管理人员批量确认页面中设备告警信息栏可详细显示待审核告警数据清单，可通过上下页选择，进行快速审核。选择图 7-5 中某一待审数据进入巡检结果分析界面，如图 7-6 所示，数据详细分析完成后返回图 7-5 中告警信息栏下方的"全部确认"按钮完成审核确认。

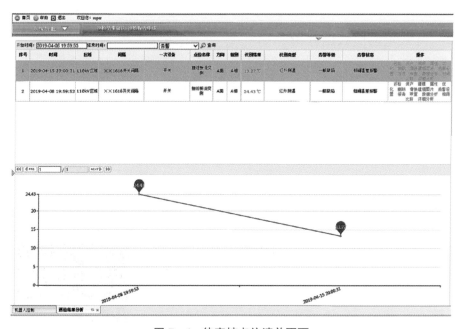

图 7-5　管理人员批量确认页面

图 7-6　待审核点位清单页面

审核页面默认显示结果"正常""识别正确"，如运维人员发现数据存在错误，可选择"识别错误"并对数据进行修正后保存，如图 7-7 所示。

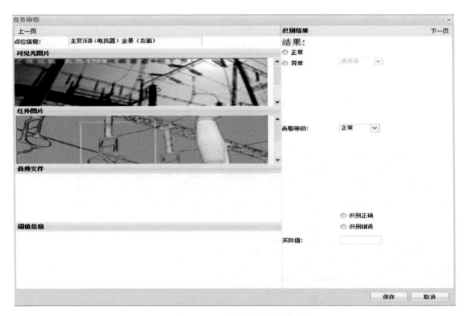

图 7-7　数据审核页面

7.1.2　可见光巡检数据分析

7.1.2.1　数据自动分析

变电站巡检机器人巡检系统提供了三相对比报警、仪表越限报警等多种异常数据报警功能，可以根据形成的历史曲线进行横向和纵向数据对比，数据自动分析页面如图 7-8 所示。运维人员可以将异常数据的图片、巡检结果等信息导出为设备巡检报表，报表格式可以自由定制，通过报表实现对缺陷设备的记录和调阅。

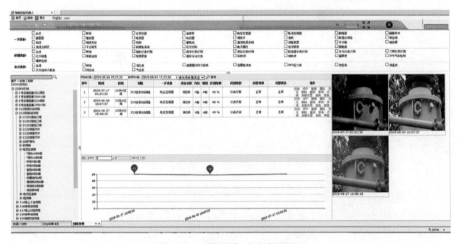

图 7-8　数据自动分析页面

巡检结果对比分析，对全站各巡检点位采集的信息和识别结果进行浏览、对比分析、生成历史曲线，并根据需要生成分析报告。

（1）横向对比分析。运维人员通过"系统导航→巡检结果分析→对比分析"进入该分析界面。选择多相对比，如图 7-9 所示，在图中左侧设备树处通过查询，选择同间隔内三相设备的点位，以主变压器中压侧 A、B、C 三相避雷器泄漏电流表数据为例，运维人员根据三相数据的横向对比结果对设备的运行状况进行分析。

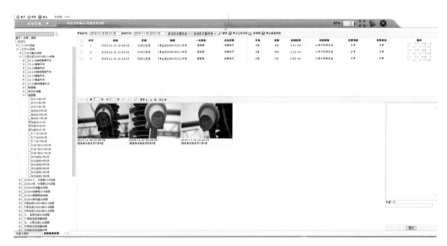

图 7-9　数据横向对比分析页面

（2）纵向对比分析。运维人员通过"系统导航→巡检结果分析→对比分析"进入该分析界面，选择单相对比，如图 7-10 所示，选择数据产生的时间段、采集的信息类型（可见光、音视频等），点击查询，可显示时间段内的所有数据、数据趋势图、图片等。运维人员根据数据的变化趋势对设备的运行状况进行分析。

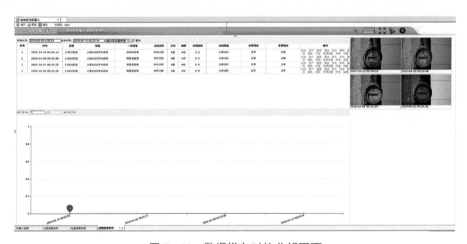

图 7-10　数据纵向对比分析页面

（3）生成报表。生成报表展示选定设备的巡检信息和数据，并具备输出报表功能。运维人员通过"系统导航→巡检结果分析→对比分析"进入该界面，操作流程如图 7-11 所示。

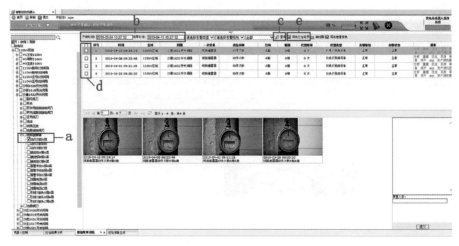

图 7-11　生成巡检报表流程页面

1）在界面左侧的树形列表中选择要查询的巡检点设备名。

2）在界面右侧上方选择搜索的开始和结束时间。

3）点击查询，在下方页面显示所有要搜索的巡检结果信息（如巡检时间、所在区域、间隔、一次设备、点位名称、方位、相别、识别结果、告警等级、告警状态）。

4）在生成的结果界面勾选复选框，支持多选，可以将巡检结果以 Excel 表格文件形式导出到本地主机上。

5）点击导出按钮，将数据结果导出。生成的巡检报表如图 7-12 所示。

图 7-12　巡检报表文件

7.1.2.2　人机协同巡检数据分析

人机协同巡检是指对变电站巡检机器人能实现的红外测温及表计抄录等巡检项目,由机器人巡检代替人工巡检,机器人无法实施的巡检项目,由人工进行巡检。

（1）人工确认缺陷如图 7-13 所示,机器人发现缺陷后,运维人员确认为电力设备缺陷,应按照设备缺陷处理流程进行缺陷汇报、填报及处理,同时将该设备缺陷加入变电站缺陷库,设置特巡跟踪任务按缺陷库进行特巡管控,进行历史数据比对,分析异常趋势,做好异常管控,直到消缺工作结束。如运维人员确认为数据误报警,在该条数据的审核意见中填写为误报警。

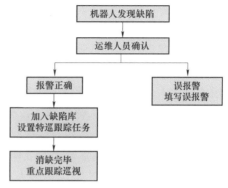

图 7-13　人工确认缺陷

（2）后台监控系统告警,机器人现场复核。机器人巡检模式下,运维人员获得各类生产信息系统、辅控系统告警后,第一时间调用机器人快速到达指定设备间隔,及时查看现场情况并核实告警信息,以便迅速制订应对策略。以"XX 开关 SF_6 气压低闭锁分合闸"告警信号处理为例,如图 7-14 所示,机器人远方异常确认步骤如下:

1）首先核对设备的间隔命名。

2）然后进行 SF_6 压力值的拍摄和读取。

3）最后对开关的外观进行拍摄,判断开关本体外观是否良好。

|　　(a)　　|　　(b)　　|　　(c)　　|

图 7-14　远方异常确认页面

（a）确认设备间隔无误；（b）确认 SF_6 压力值；（c）确认开关本体外观

7.1.3　可见光巡检数据管理

7.1.3.1　可见光数据查看

运维人员应每天查看机器人可见光巡检数据,若任务中无告警数据,则确认当次巡检任务结束,同时对巡检报表中存在的异常数据和机器人无法自动判别的数据进行人工辅助复核确认。

7.1.3.2　可见光数据告警确认

运维人员应对巡检报表中可见光异常数据进行确认、分析和分类。对表计读数识别错误、拍摄偏离、对焦模糊、漏检等情况应安排机器人复测，并进行相关记录。因环境变化、改扩建更换表计等情况造成定值告警范围发生变化需调整时，也应进行相关记录。

（1）缺陷跟踪。缺陷跟踪是指通过对站内非正常巡检点位的预先设定，快速生成巡检任务，对缺陷设备进行自动跟踪或定点监视。巡检点位中有异常标识的点位（根据最新一次审核结果为非正常的点位，标记为异常），运维人员可在此基础上根据实际情况自行添加或删除点位。

（2）缺陷闭环。机器人系统缺陷应记录至机器人运行情况汇总表中，及时上报相关负责人，根据维保计划安排现场消缺，由维保人员进行异常处理。机器人发现的设备缺陷应结合人工核对确认，并上报设备缺陷。

1）一般缺陷由人工补充巡视时进行核对。

2）严重及以上设备缺陷应立即安排人员现场核对。

对现存变电设备缺陷，运维人员应根据缺陷严重程度制定机器人特殊巡检任务。严重及以上缺陷消缺前应加强跟踪，必要时使用机器人实时监视；一般缺陷可结合机器人巡检进行跟踪。

（3）数据管理。为后期核对方便，针对异常点位，可见光照片、异常报告、后台数据库数据等及时进行数据备份。

1）机器人巡检后，运维人员应查看机器人巡检数据，发现问题及时复核。交接班时应将机器人运行情况、巡检数据等事项交接清楚。

2）机器人可见光巡检数据应备份至专用存储介质，由专人负责定期备份，每季度备份一次巡检数据。

3）维保人员每次备份内容应包括机器人巡检可见光图片及后台数据库。

4）机器人巡检系统视频、图片数据保存至少3个月，其他数据长期保存。

5）维保人员数据备份完成后，经机器人管理人员确认，清除历史数据，以保证磁盘空间满足存储要求。

7.2 红外数据分析与应用

7.2.1 红外巡检数据审核

7.2.1.1 红外数据查看

运维人员应每天查看机器人红外巡检数据，若任务中无报警数据，则确认当次巡检任务结束，同时对巡检报表中存在的异常数据和机器人无法自动判别的数据进行人工辅助复核确认。

7.2.1.2　红外数据告警确认

运维人员通过"系统导航→巡检结果确认→设备告警查询确认"进入审核页面。

运维人员进入时，只进行单条告警数据的确认。选择告警数据后弹出审核页面，只可对选择的单一告警数据进行审核。

管理人员进入时，可对告警数据进行批量确认。选择待审核任务后弹出待审核告警数据清单页面，如图 7-15 所示，点击某一待审核数据，弹出审核页面管理人员可通过上下页选择，进行快速审核。所有告警数据审核完毕后，点击点位清单中的保存按钮即完成审核工作。

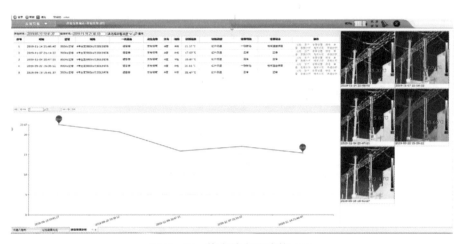

图 7-15　待审核点位清单页面

审核页面默认显示结果"正常""识别正确"，如运维人员发现数据存在错误，可选择"识别错误"并对数据进行修正后保存，如图 7-16 所示。

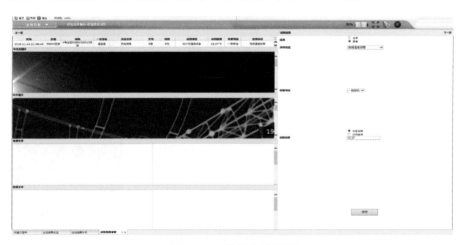

图 7-16　数据审核页面

7.2.2 红外巡检数据分析

7.2.2.1 横向对比分析

运维人员通过"系统导航→巡检结果分析→对比分析"进入该分析界面。选择多相对比。如图 7-17 所示，在图中左侧设备树处通过查询，选择同间隔内三相设备的点位，以主变压器中压侧 A、B、C 三相避雷器泄漏电流表数据为例，运维人员根据三相数据的横向对比结果对设备运行状况进行分析。

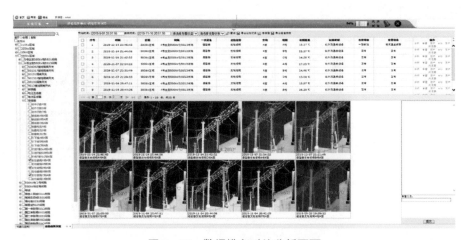

图 7-17 数据横向对比分析页面

7.2.2.2 纵向对比分析

运维人员通过"系统导航→巡检结果分析→对比分析"进入该分析界面，选择单相对比。如图 7-18 所示，选择数据产生的时间段、采集的信息类型（红外、音

图 7-18 数据纵向对比分析页面

视频等），点击查询，可显示时间段内的所有数据，包括数据趋势图、图片、音视频等信息。运维人员可根据数据的变化趋势对设备运行状况进行分析。

7.2.2.3　实时数据监测分析

运维人员通过"系统导航→实时监控→机器人遥控"进入界面，机器人遥控界面如图 7－19 所示。

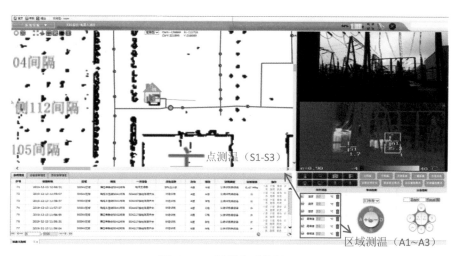

图 7－19　机器人遥控界面

红外测温：可以对红外设备进行点、区域测温。S1 为点测温；A1 为区域测温（最高温和平均温度）。

步骤：

（1）点测温：点击选择 S1－S3 中的某个图标，然后在界面上需要的设备部位点击会自动显示该点当前温度。

（2）区域测温：点击选择 A1－A3 中的某个图标，然后在界面上画出所需设备部位区域，点击会自动获取该区域内的最高温度和平均温度。

（3）车体控制：设置当前手动车体控制的车速和车体前、后、左、右方向控制。

（4）云台控制：对云台方向进行手动控制及对可见光镜头调整控制。

红外巡检报表生成界面，具备选定设备的红外巡检信息和数据输出功能，如图 7－20 所示。

步骤：

（1）在报表生成界面中左侧设备树形列表中选择红外一次设备。

（2）输入时间范围后点击"查询"按钮进行搜索。

（3）搜索后下方记录信息显示该设备所有的巡检结果数据信息和曲线图。

（4）界面中间提供"报表"和"检测记录"按钮供用户具体查看测温数据信息。

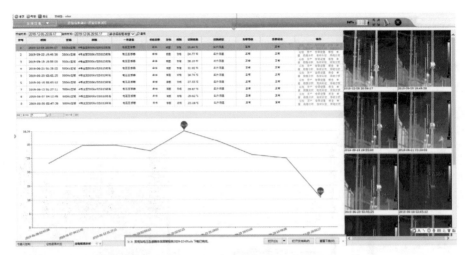

图 7－20　红外巡检报表生成界面

点击"报表"按钮后切转显示如图 7－21 所示。

图 7－21　红外巡检报表分析界面

7.2.2.4　人机协同巡检数据分析

为保证变电站巡检机器人红外测温数据分析全面到位,结合人工红外测温数据做好对比分析,确保分析结论可靠。在不同季节、不同气候环境情况下,机器人红外测温巡检数据和人工巡检测温数据可以相互印证、相互补充。

当机器人发现严重及以上缺陷时,应组织运维人员前往现场及时进行复核,验证机器人红外巡检数据准确性。当机器人红外巡检出现漏检，报表中存在异常数据或机器人无法自动判别的数据时，一方面及时对相应红外测温点位进行整改，另一方面需要通过人工红外测温进行补充。

在设备运行风险等级较高或有特殊巡视要求时，运维人员应加强相关一、二次设备，大电流柜的测温工作，为设备红外检测数据提供可靠支撑。在运维人员红外测温中发现的设备缺陷，可通过机器人巡视开展跟踪，绘制温度变化曲线，为消缺工作提供依据。

7.2.3　红外巡检数据管理

7.2.3.1　发热缺陷数据

一般缺陷应及时记录，结合日常巡检定期跟踪机器人测温数据，观察缺陷发展趋势，如有必要需配合设备停电开展检修工作，或按照检修计划开展检修试验消除缺陷。对于负荷率小、温升小但相对温差大的设备，可在负荷电流升高时进行复测，以确定设备缺陷性质。结合机器人日常例行巡检进行跟踪，并做好记录。

严重缺陷应按每两小时设置缺陷跟踪任务，每日利用三相对比、历史曲线等分析比对手段判断缺陷发展趋势。这类缺陷应启动缺陷处理流程如图 7-22 所示，并尽快安排处理。对电流致热型设备，应采取必要措施，加强跟踪巡视，必要时降低负荷电流。对电压致热型设备，应加强跟踪并安排其他测试手段，缺陷性质确认后，立即采取措施消缺。

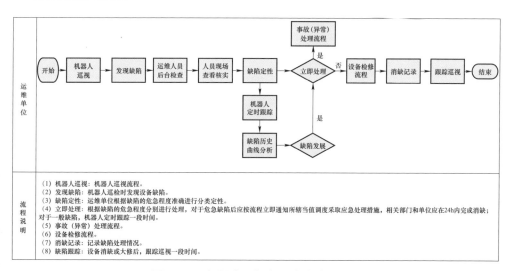

图 7-22　机器人巡视发现缺陷处理流程

危急缺陷是指电网设备在运行中发生了偏离且超过运行标准允许范围的误差，直接威胁安全运行并需立即处理的缺陷。对电流致热型设备，应立即安排人员现场核对确认，及时汇报调度，降低负荷电流或立即安排消缺。对电压致热型设备，当缺陷明显时，应立即消缺或退出运行，如有必要，可安排其他试验手段，进一步确定缺陷性质。

7.2.3.2 数据管理

为后期核对方便，针对异常点位，红外照片、异常报告、后台数据库数据等及时进行数据备份。

（1）每次机器人巡检后，运维人员应查看机器人巡检数据，发现问题及时复核。交接班时应将机器人运行情况、巡检数据等事项交接清楚。

（2）机器人红外巡检数据应备份至专用存储介质，由专人负责定期备份，每季度备份一次巡检数据。

（3）维保人员每次备份内容应包括机器人巡检红外图片及后台数据库。

（4）机器人巡检系统图片数据保存至少 3 个月，其他数据长期保存。

（5）维保人员数据备份完成后，经机器人管理人员确认，清除历史数据，以保证磁盘空间满足存储要求。

第 8 章
典型案例分析及处理

8.1 本 地 监 控

案例 1　后台无法登录

1. 异常现象

（1）后台登录异常。

（2）登录界面显示账号或密码错误。

2. 异常分析

（1）系统登录页面账号与密码输入错误。

（2）登录数据库失败。

3. 解决措施

（1）检查输入登录账户和密码是否错误。

（2）在后台主机界面，点击开始，找到数据库启动程序并打开，进入目录 ROBOT/表/dbo.sys_user，查看数据库表，在 admin 一行查看登录密码或修改。

4. 注意事项

（1）做好后台数据库备份。

（2）统一账户和密码。

案例 2　后台电子地图显示机器人当前位置异常

1. 异常现象

（1）后台界面无法正确显示机器人当前位置。

（2）后台界面显示的当前机器人位置与现场位置不一致。

2. 异常分析

（1）后台电子地图信息报错。

（2）机器人位置与地图不一致，如机器人在现场异常重启。

3. 解决措施

（1）将机器人推回机器人室，初始化至充电位置。

（2）重启后台软件，在地图查找到机器人，就近选择一个巡检点，手动命令机器人返回该巡检点，将机器人返回充电位置。

4. 注意事项

机器人出现导航问题，一定要在机器人室重启方能正确匹配地图。

案例3　后台报异常

1. 异常现象

（1）微气象信息显示异常。

（2）可见光状态异常或可见光无图像显示。

（3）红外状态异常或红外无图像显示。

（4）本地监控后台状态显示为异常。

（5）云台状态显示为异常。

2. 异常分析

机器人操作平台与机器人通信异常，导致所有设备报连接异常。

3. 解决措施

（1）确定机器人是否处于异常关机状态。

（2）确定网络端口配置错误，通过持续 ping（win+r 打开运行，输入 CMD，在黑色端口输入 ping 192.168.X.XX，其中 XX 见图中框内，一般选择工控机 IP）机器人本体设备 IP，判断网络有无断开，检查机器人室配电柜线路是否完好。

（3）检查监控系统 IP 设置是否正确，在控制面板－网络和 Internet－网络连接－WLAN－Internet 协议版本 4（TCP/IPv4）中，将选项改为"使用固定 IP"。

案例4　视频播放异常

1. 异常现象

视频图像断断续续，显示不流畅，显示窗口黑屏或蓝屏。

2. 异常分析

（1）网线或者水晶头接触不良，通信不佳。

（2）网络信号质量差。

（3）可见光相机或红外热像仪故障。

3. 解决措施

（1）更换网线。

（2）调整好网络频段。

（3）重置或更换相机。

4.注意事项

定期查看机器人运行情况。

案例 5　后台崩溃

1.异常现象

后台界面突然卡住或者闪退。

2.异常分析

（1）机器人操作平台软件本身问题。

（2）本地监控后台主机 CPU 内存使用率偏高。

3.解决措施

将机器人后台软件更新至最新版本，重启本地监控后台主机，若后台界面仍无法正常运行，联系厂家技术人员处理。

4.注意事项

及时更新相关软件。

案例 6　红外视频异常

1.异常现象

后台无红外图像。

2.异常分析

（1）红外热像仪电源没有闭合。

（2）红外热像仪通信网线接触不良。

3.解决措施

（1）打开本地监控后台，闭合红外电源。

（2）紧固或更换网线。

4.注意事项

每次重启机器人时，都要手动闭合红外电源。

案例 7　巡检图片回传失败

1.异常现象

机器人巡检结果无巡检图片回传，且报表内也无巡检图片。

2.异常分析

（1）后台软件异常。

（2）设备采集后未进行标定。

3.解决措施

（1）重启后台所有软件。

（2）查看设备历史数据，若一直没有巡检图片回传，则考虑为设备未标定，及时联系厂家技术人员处理。

4. 注意事项

（1）后台软件重启后应再次下发巡检任务测试。

（2）厂家技术人员完成设备标定后应当进行测试确认。

案例 8　自主充电失败

1. 异常现象

机器人已进入机器人室内且卷帘门已关闭，本地监控后台告警提示"充电失败"。

2. 异常分析

（1）机器人未准确停靠在充电位置。

（2）机器人充电系统发生硬件故障，包括充电总成、充电桩、充电器、电路板等。

3. 解决措施

启动任意一个任务，待机器人完全走出机器人室且卷闸门已关闭时，一键返回，观察机器人能否正常充电。

若反复尝试 3 次仍无法正常充电，则联系厂家技术人员处理。

案例 9　任务执行失败

1. 异常现象

机器人在机器人室外下发任务成功却不执行，停在原地不动。

2. 异常分析

（1）硬件故障（驱动异常、相机异常、云台异常等）。

（2）机器人位置丢失。

（3）巡检设备在挂牌检修区域内。

（4）软、硬件急停被按下。

（5）机器人避障传感器触发。

（6）后台任务模式错误，如未对应选择"自动"模式。

3. 解决措施

逐一排查是否存在上述各类问题，若无以上情况则反馈厂家技术人员。

4. 注意事项

故障排查应遵循先硬件后软件的顺序。

案例 10　即时任务或周期任务不执行

1. 异常现象

下发的即时任务或周期任务，机器人不执行。

2. 异常分析

机器人本体监控系统后台程序运行不正常。

3. 解决措施

（1）检查本体监控系统以及后台程序是否正常运行，若各项 IP 为红色表示通信未正常连接，机器人可能异常关机或者自动关机。检查任务管理器中四个自动重启软件，如有缺项，重启计算机后，查看四个后台任务是否启动，若仍未启动，则通过查找对应程序手动启动。

（2）在后台查看机器人电池电量是否正常，若电池电量在 30%以下表明电池亏电，需要进行充电，若电池电量在 30%以上表明电池电量正常，可重启机器人，查看是否正常，若仍然不执行任务，需要联系厂家技术人员到站检查。

4. 注意事项

重启机器人后，执行一个即时任务查看机器人是否正常运行。

案例 11　偏移点位

1. 异常现象

可见光或红外图像采集点位偏离，未采集到有效数据。

2. 异常分析

云台角度发生偏移。

3. 解决措施

控制机器人停靠在异常点位，重新调用云台进行抓图，保存正确的云台角度。

案例 12　后台地图不显示

1. 异常现象

本地监控后台机器人巡检地图无法显示，地图界面仅显示机器人图标。

2. 异常分析

（1）浏览器缓存过多，无法正常显示。

（2）软件本身问题，导致地图调取失败。

3. 解决措施

（1）清理浏览器缓存，重新登录本地监控后台。

（2）重新上传地图文件。

8.2 机 器 人 本 体

案例 1　机器人音频辨识异常

1. 异常现象

机器人采集不到声音。

2. 异常分析

（1）未开启音响。

（2）后台软件中设置静音。

（3）音箱设备损坏。

3. 解决措施

（1）检查音箱开关是否开启，并调大声音。

（2）检查软件中的音量设置。

（3）若排除外部因素，则需要更换音箱。

案例 2　可见光、红外图像异常

1. 异常现象

机器人红外和可见光视频无图像显示。

2. 异常分析

（1）红外和可见光设备损坏。

（2）后台配置问题。

（3）摄像机网线或者水晶头接触不良，通信不佳。

（4）网桥异常或者供电电源异常。

3. 解决措施

（1）打开云台外壳，查看红外和可见光相机运行情况。若发现设备运行灯不亮或异常，则需要更换相应设备。

（2）查看后台界面中的系统配置，红外和可见光的 IP 设置是否正确，可对照后台主机中备份的老版本配置进行核对。

（3）若为信号问题，则对 AP 设备进行排查，更换无线网频段，检查网桥供电电源是否正常。

（4）重做网线头或者更换网线。

案例 3　机器人偏航

1. 异常现象

（1）机器人脱离正常巡检路线。

（2）监控后台显示机器人激光匹配度较低。

（3）机器人地图显示位置与实际位置不符。

2. 异常分析

（1）机器人巡检路线参照物发生较大变化，导致机器人激光匹配度太低。

（2）机器人巡检过程中意外重启或软件自身原因导致自身定位丢失。

（3）机器人巡检路线周围参照物太少（极度空旷），导致机器人出现激光匹配度低。

3. 解决措施

（1）当机器人发生脱离正常巡检路线时，打开地图编辑，查看匹配度，若该路线的匹配度在 70% 及以上，则该条路线所在的周围环境与初始扫图时的环境相似，重启机器人导航程序。若匹配度低于 70%，应检查该路线所在的环境是否与激光地图匹配，若环境变化较大，需重新扫图。

（2）重新定位机器人位置。定位操作：将机器人开机，推至某固定点，在后台打开激光定位，点击"初始化至固定点"，选择相应的固定点名称，确定即可。

（3）如果是由于空旷导致机器人多次偏离轨迹，则应该增加供机器人识别的标识物，供机器人识别。

4. 注意事项

变电站内改造后，需通知机器人厂家技术人员对机器人地图修改。

案例 4　机器人补光灯工作异常

1. 异常现象

补光灯无法正常工作。

2. 异常分析

（1）接线松动。

（2）补光灯损坏。

（3）补光灯电源异常。

（4）软件控制问题。

3. 解决措施

（1）使用万用表电压档检查补光灯电源的输入电压，排除电源失压问题。

（2）使用万用表检查补光灯接线是否虚焊或松动，并修复，排除接线和线路问题。

（3）电源和线路问题排除后，考虑设备自身问题，需更换补光灯设备。

（4）检查后台软件中是否关闭了补光灯。

4. 注意事项

更换设备时要注意电源正负极。

案例5 数据识别异常

1. 异常现象

表计识别异常或未识别。

2. 异常原因

（1）拍照偏移或模糊，导致算法无法精准识别。

（2）算法脚本错误。

（3）照片逆光拍摄。

3. 解决措施

（1）调整机器人云台角度和相机焦距，直到拍出清晰照片。

（2）调整该表计的算法脚本，重新制作脚本库。

（3）调整拍摄角度。

案例6 超声故障

1. 异常现象

后台报超声故障报警，机器人前方没有障碍物仍然报警。

2. 异常原因

（1）超声波探头有较厚的尘垢。

（2）超声波探头或超声波接收器设备损坏。

（3）机器人巡检路线两侧杂草较高，触发超声报警。

3. 解决措施

（1）擦除超声探头上尘垢，消除误报。

（2）更换相应设备。

（3）清除杂草，若杂草清除后超声故障报警未恢复，联系厂家技术人员处理。

4. 注意事项

定期清除激光和超声波发射面的尘垢。保证机器人巡视道路无障碍物，及时清除机器人巡视道路周边杂草。

案例7 机器人行走卡顿

1. 异常现象

机器人行驶不顺畅。

2. 异常分析

（1）驱动板卡故障，板卡元件损坏或者由于电流过大烧坏熔丝。

（2）驱动电动机故障，机器人碰到障碍物，导致电动机长时间堵转，电动机损坏。

3. 解决措施

（1）更换驱动板卡或者驱动板卡熔丝。

（2）更换电动机。

案例 8 锂电池无法供电

1. 异常现象

锂电池停止供电。

2. 异常分析

（1）锂电池长期亏电，电池进入休眠状态。

（2）锂电池遇到过大电流后，熔丝熔断。

3. 解决措施

（1）激活锂电池，将机器人推到机器人室，插上手动充电线，多次反复按电池"开""关"按钮，直到充电桩上有电流显示。

（2）更换熔丝。

（3）如果锂电池激活后，机器人还是不能开机，联系厂家技术人员处理。

8.3 机 器 人 室

案例 1 机器人充电异常

1. 异常现象

机器人不能正常充电。

2. 异常分析

（1）充电杆未伸出。

（2）充电桩失电或无法正常供电。

（3）充电触头偏离充电桩距离过大。

（4）机器人充电触头磨损，导电性能出问题。

（5）充电杆未能插入充电桩内。

3. 解决措施

（1）检查充电桩是否正常供电，屏上电压是否正确，有无电流，若均无，更换内置充电器。

（2）调整充电触头或机器人位置，使其对准，查看充电是否正常。

（3）若以上工作都无效，则需要联系厂家技术人员处理。

4．注意事项

严禁随意拆卸机器人本体。

案例2　充电桩故障

1．异常现象

充电杆插入充电桩，电压表、电流表无读数。

2．异常分析

（1）充电接口硬件损坏。

（2）电流表读数不准或损坏。

（3）充电桩失电或充电电源适配器损坏。

3．解决措施

（1）检查充电接口相关部件是否损坏，若损坏，对其进行更换。

（2）检查充电桩工作电源灯是否正常，若熄灭，检查充电桩供电线路是否正常。

案例3　卷闸门异常

1．异常现象

卷闸门无法正常开闭，导致机器人无法自主充电和执行任务。

2．异常分析

（1）卷闸门电动机损坏或过热保护。

（2）卷闸门系统PLC设备与后台通信异常。

（3）卷闸门系统PLC设备损坏。

（4）光电限位开关异常，距离感应失败，PLC无法确认卷闸门升、降至预设位置。

（5）卷闸门板卡故障。

（6）卷闸门电动机故障。

（7）卷闸门传感器故障。

3．解决措施

（1）如果手动无法控制卷闸门，考虑电动机由于频繁使用出现热保护现象，需要断电或静置0.5h，看是否恢复，如没有则更换电动机。

（2）如果手动可以控制卷闸门，需要在本地监控后台主机使用"ping"命令查看卷闸门是否通信正常，若通信异常，检查卷闸门网线是否松动。

（3）现场手动控制卷闸门下降至正确位置（关门），排查卷闸门光电限位开关是否存在故障，可用手近距离遮挡住光电限位开关探头，观察尾部指示灯是否亮起红色，如不亮则反馈厂家技术人员进行更换。

（4）更换卷闸门板卡。

（5）更换卷闸门传感器。

4. 注意事项

检查过程中避免频繁操作卷闸门开、关，防止电动机过热损坏。

8.4　机器人通信系统

案例 1　后台与机器人断链

1. 异常现象

后台与机器人断开连接，通信频繁中断，机器人控制延迟。

2. 异常分析

（1）无线网桥与本地监控后台通信故障。

（2）机器人本体通信异常。

（3）机器人遇到障碍物超声报警后休眠。

3. 解决措施

（1）重做无线网桥两端水晶接头，检查网桥参数设置。

（2）检查机器人本体网桥与本体监控系统通信是否正常，若通信中断，则紧固或更换网线。

（3）将机器人推至无障碍的巡视道路上，重启，激光定位后，一键返回机器人室。

案例 2　通信延迟卡顿

1. 异常现象

后台控制机器人及门禁有延迟或失控。

2. 异常分析

（1）网络存在其他信号干扰。

（2）网络通信线松脱或损坏，导致通信异常。

（3）网桥设备异常或损坏。

3. 解决措施

（1）首先测试网络通信状况，打开电脑运行"－CMD"，输入"ping 网桥 IP－t"

锁定 mac，排除其他信号干扰。

（2）查看网络延迟是否存在波动，查看周围其他 WiFi 信号是否较多，且信号较强，干扰网桥通信。如有干扰需进行频率调整。

（3）若诊断为网桥问题，可重启网桥，否则更换网桥设备。

案例3　AP（无线接入）设备通信异常

1. 异常现象

后台显示机器人设备连接异常，设备 ping 不通或存在网络延迟。

2. 异常分析

（1）信号干扰导致 AP 通信问题。

（2）AP 设备损坏。

（3）通信网线松脱、损坏、断开。

3. 解决措施

（1）检查网线松动情况，观察网线数据灯是否闪烁。

（2）检查设备运行状态，检查 AP 设备、屋顶配电箱内交换机运行灯，若运行灯熄灭，则需要检查电源，使用万用表直流档测量 AP 和交换机电源是否有 24V 电压输入。

（3）在后台使用 IE 输入 AP 的 IP 地址，在 MAIN 页面可以查看信号强度，如果强度条低于绿色（只有红或黄色），表明信号强度较弱，可更改频率（大于 −70dBm 为宜），同时登录机器人本体网桥做相同的修改，两端频率需一致。

8.5　微　气　象

案例1　系统故障

1. 异常现象

气象数据丢失。

2. 异常分析

（1）微气象基站未正常供电。

（2）后台与微气象系统通信异常。

（3）微气象设备本身异常，设备损坏。

3. 解决措施

（1）检查通信基站电源是否正常，若不正常，需更换电源线。

（2）断开微气象电源控制柜空气开关，确保控制柜断电，检查各线路是否松动老化。若存在松动老化现象，则需要紧固或更换。

（3）用调试软件检查微气象各项参数，若出现重置则需要更正。

（4）检查微气象系统与机器人室控制柜内通信线路是否正常。

（5）若微气象系统供电系统正常，线路正常，将微气象系统断电，待设备冷却再重启设备，若微气象仍旧异常，则联系厂家技术人员处理。

4．注意事项

（1）微气象调试需联系厂家技术人员，电源的更换需要严格参照说明书进行。

（2）微气象属于精密设备，请勿擅自拆装设备。

案例 2　信息读取错误

1．异常现象

风向不正确，雨量不准，风速不准等。

2．异常分析

（1）单项数值不正确，传感器接线松脱或损坏。

（2）微气象串口服务器异常。

（3）微气象设备异常。

3．解决措施

（1）检查接线是否松脱或损坏，对其紧固或更换。

（2）检查电源供电和参数配置是否正常。

（3）若设备工作指示灯不亮，需更换处理。

8.6　巡 检 环 境

案例 1　机器人避障功能异常

1．异常现象

机器人前方出现障碍物时，出现不避障的异常现象。

2．异常分析

避障功能未开启或避障传感器故障。

3．解决措施

打开避障功能或更换传感器。

8.7 其　　他

案例1　遥控手柄无法使用

1. 异常现象

机器人正常启动且无故障情况下，遥控手柄无法控制机器人正常运行。

2. 异常分析

（1）遥控手柄电量过低。

（2）遥控手柄与机器人连接失败或配对模式错误。

3. 解决措施

检查遥控手柄是否有电，与机器人是否成功连接。检查方法如下：

（1）指示灯（左）常亮，表示手柄与机器人成功连接，可正常控制。

（2）左指示灯闪烁或不亮，表示手柄未连接，需长按中间黑色圆形开机键进行手柄信号搜索，直至左指示灯常亮。

（3）手柄按键说明如图8-1所示。

图8-1　机器人控制手柄

①—手动控制方向键前进、后退（左右在其他键位）；②—开机键（长按与蓝牙匹配键）；③—手柄状态指示灯；
④—手动控制左转向键；⑤—机手动控制右转向键；⑥—关闭超声波避障功能及激光测坑功能；
⑦—打开超声波避障功能及激光测坑功能；⑧—关闭/打开激光导航避障功能；
⑨—机器人手柄充电口；⑩—机器人运动加速键

4. 注意事项

（1）定期对遥控手柄进行充电，两月1次即可。

（2）机器人USB口上的手柄接收器避免频繁插拔，防止接触不良或丢失。

第 9 章
新技术应用及未来发展方向

9.1 前 端 检 测 技 术

近年来，变电站数量增加迅速，相应的设备规模和数据规模呈现爆发式增长。数据爆发式增长和网络带宽的限制，要求前端检测设备必须具备数据处理能力，最终实现变电专业微服务微应用至设备侧前端的迁移。

前端检测系统需要将合适的并行处理体系结构、专家系统、人工神经网络、数据融合等集成到一块处理芯片上。

以视频前端检测为例，将一些视频预处理算法、特征提取算法、图像分析算法移植到前端智能分析设备中，拍摄到照片或视频进行质量判断和特征提取，根据特征模型进行图像的特征匹配和识别。前端检测算法中引入深度学习机制，利用神经网络算法，让程序不断自我修正和提高，进一步提高识别率。前端检测框架图见图 9-1。

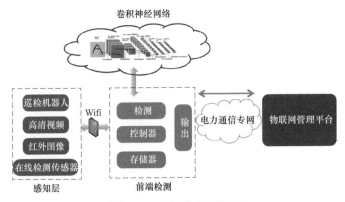

图 9-1 前端监测框架图

机器人可以搭载带有前端检测功能的智能摄像机和智能红外热成像仪，实现最低的延时，将采集到的高清图片和红外图片在摄像机和本身上进行前期处理，减少数据传送量；或根据定制的识别程序进行简单定向识别，缩短数据传送链，提高处理的实时性。

机器人也可以搭载通用性前端智能检测设备，充分利用本身算力，对变电站内高清监控摄像头，在线监测传感器的数据接收，前端处理，然后统一发送到远程数据中台，提高数据的利用效率。

前端检测的创新性：实现了分布式计算和计算迁移，去中心化；实现了实时分析、处理数据，传送有效数据到管理后台；实现轻量计算，只计算专用数据，提高资源利用效率；实现智能网关作用，非法数据禁止传送；给低时延要求的行业提供了一种解决方案。

9.2 多元数据的智能诊断分析

多元数据智能诊断分析，是利用计算机技术将来自多传感器的数据或信息进行检测、组合估计、关联等多级操作，从而得到关于观测或目标的精确状态、身份估计以及完整、及时的态势评估过程。

多元数据信息融合基本原理如下：

（1）多个不同类型的传感器获取目标的数据。

（2）对输出数据进行特征提取，从而获得特征矢量。

（3）对特征矢量进行模式识别，完成各传感器关于目标的属性说明。

（4）将各传感器关于目标的属性说明数据按同一目标进行分组，即关联。

（5）利用融合算法将每一目标各传感器数据进行合成，得到该目标的一致性解释和描述。

信息融合的级别可分为数据级融合（也称像素级融合）、特征级融合和决策级融合。决策级融合示意见图 9-2。

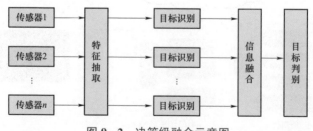

图 9-2 决策级融合示意图

机器人系统构建了一个微型前端检测端，可以对电力设备多个传感器的信息进行融合诊断与状态评估，及早发现电力设备的故障并防止其发生。机器人与其他在线监测传感器信息融合，通过多个传感器交叠覆盖作用区域，扩展了检测的空间覆盖范围。通过多传感器错时检测，扩展了时间覆盖范围。通过多传感器确认同一目标或事件，增加信息可信度，减少了信息的模糊性。增加了冗余度，改善了系统的可靠性。

信息融合方法有贝叶斯信息融合方法，模糊信息融合方法，神经网络信息融合方法，D–S证据理论信息融合方法。

9.3　GIS 腔体内部检测机器人

根据国家电网公司 2006～2015 年的设备故障统计显示，气体绝缘金属封闭开关（gas insulated switchgear，GIS）设备故障比例逐年升高，且故障种类复杂多样，其故障种类大致可分为 10 种，如图 9–3 所示。

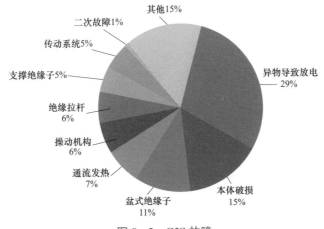

图 9–3　GIS 故障

异物颗粒放电故障占 GIS 故障率的 29%，异物颗粒放电已严重影响 GIS 设备的安全运行。如何快速定位 GIS 腔体内异物颗粒的位置及异物的清理工作已成为目前亟需解决的问题。

GIS 腔体内部检测机器人（简称机器人）的研制能有效的解决因异物颗粒而导致 GIS 局部放电甚至内部击穿等问题。机器人工作于 GIS 腔体内部，采用弧形机构的移动小车外形结构，使其能更好的适应 GIS 腔体内部，同时也为机器人提供足够的巡检空间。机器人通过断路器手孔部位进入 GIS 腔体内部，操作人员在腔体外部通过可视化功能进行 GIS 腔体内部检查操作，机器人在腔体内部行走检查，当发现 GIS 腔体内部存在异物颗粒时，通过高清摄像头将内部影像实时传给操作人员，操作人员使用机器人自带的异物清扫功能指挥机器人进行异物颗粒清理，当异物清理工作完成后，机器人退出腔体，巡检工作结束。

某 750kV 变电站 GIS 断路器 7520 A 相的解体现场，使用了 GIS 腔体可视化及内部异物清理机器人。实现了 GIS 腔体可视化，并最终通过机器人清理黑色颗粒。

GIS 腔体检测机器人应用实例见图 9-4。

图 9-4　GIS 腔体检测机器人应用实例

9.4　声 学 传 感 技 术

声学传感技术就是让机器人能够识别和理解声音的过程，通过技术手段让机器人能够听懂声音信号中的包含的有效信息。

声音识别原理如图 9-5 所示。

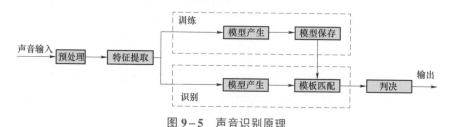

图 9-5　声音识别原理

声音识别的过程包括：① 利用声音传感器采集声音信号并通过一定的压缩编码方式进行量化处理得到数字信号；② 对得到的数字信号进行预处理操作，使用特征提取算法提取声音信号的特征向量；③ 最终通过模板匹配识别算法给出识别结果。具体操作步骤有预处理，分帧，加窗，预加重；特征提取；训练；识别；输出等。

从声音识别算法的发展来看，声音识别技术主要分为三大类：第一类是模型匹配法，包括矢量量化（VQ）、动态时间规整（DTW）等；第二类是概率统计方法，包括高斯混合模型（GMM）、隐马尔科夫模型（HMM）等；第三类是辨别器分类方法，如支持向量机（SVM）、人工神经网络（ANN）、循环神经网络（RNN）和深度神经网络（DNN）等以及多种组合方法。

电力设备在运行过程中会发出各种声音，从声音变化强弱可以判别设备的运行状态，甚至故障类别。机器人利用声学传感器获取现场设备运行时产生的声音，通过声音识别技术对变电站内噪声、放电声、振动声的频谱分析，并进行判断现场声音的组成及故障类型。

机器人声学传感技术主要可以用于检测变压器、电容器、电抗器、GIS（气体绝缘开关）等主设备运行时的声音信号。多路音频信号经传感器采集、滤波、放大、AD 转换，经音频频谱分析、提取到音频特征参数，再用神经网络识别该音频特征，根据音频特征向量输出该设备所处的状态和故障类型，机器人根据判断结果做出报警或采取其他措施进行故障处理。

9.5 视觉识别技术

视觉识别技术具有高灵敏度、响应速度快、低噪声、抗电磁干扰能力强及应用灵活方便等特点，并且随着视觉识别技术的发展和逐步成熟，其应用范围越加广泛，典型的应用领域包括：图像识别及检测领域的应用，视觉定位领域的应用，物体尺寸测量领域的应用和物体空间位置定位领域的应用等。

双目立体视觉基于视差原理，由两个摄像机组成，利用三角测量原理获得场景的深度信息，可用于重建周围景物的三维形状和位置，广泛的应用在移动机器人定位导航、避障和地图构建等方面。

双目立体视觉系统通过同时拍摄同一场景的两幅图像，并进行复杂的匹配准确得到视觉场景的三维信息。双目立体成像原理见图 9-6。

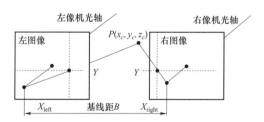

图 9-6 双目立体成像原理图

基线距为两摄像机的投影中心连线的距离，两摄像机在同一时刻观看空间物体的同一特征点，分别在"左眼"和"右眼"上获取了观测点的图像，两摄像机的图像在同一个平面上,左相机像面上的任意一点只要能在右相机像面上找到对应的匹配点,就可以确定出该点的三维坐标。这种方法是完全的点对点运算,像面上所有点只要存在相应的匹配点,就可以参与运算,从而获取其对应的三维坐标。

目前国际上正在开发使用的机器人视觉系统,采用高速图像处理芯片,并行算法,具有高度的智能和普通的适应性,能模拟人的高度视觉功能。主要应用范围包括检测、识别、测量、导航定位等。

(1)通过扫描条形码、二维码、字符、颜色等,通过特征匹配进行设备信息识别。

(2)利用三角测量原理,通过反射物体表面的光线成像,测量物品的表面情况。

(3)通过视觉导航技术,利用特征匹配进行机器人和设备的定位。

9.6 无线充电技术

应用于机器人领域的"中功率无线充电技术",充电功率为50~1000W。

机器人中应用的无线充电一般为电磁感应式,由发射端和接收端两大部分组成。

(1)无线发射端主要部件有电源输入端、无线发射线圈、发射控制器、功率采集模块、变频控制器、电压采集模块、LDO。

(2)无线接收端主要部件有无线接收线圈、电压采集模块、功率采集模块、DC-DC、温度控制模块。

无线充电基本过程为发射端电能转换装置将市电转换成高频交流电,高频交流电产生变化的磁场,发射,接收端在变化的磁场中,感应出电流,通过转换装置转换成直流电,实现电能的传递。当发射端与接收端工作频率接近谐振频率时,效率最高,远离时降低。无线充电结构原理图见图9-7。

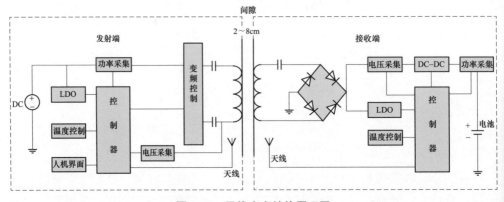

图9-7 无线充电结构原理图

目前机器人无线充电示意图如图 9-8 所示，充电基座内集成无线充电发射端，机器人内集成无线充电接收端，机器人靠近基座时自动完成充电。

图 9-8　无线充电示意图

9.7　室内巡检机器人局部放电传感技术

当前各电力企业的局部放电检测手段主要是手持机人工检测、局部放电在线监测等方式。

手持机人工检测比较普遍，在局部放电检测技术上受人为因素影响，容易出现漏检、误报等现象，导致局部放电检测效果受限，而局部放电在线监测系统在效果上比较突出，能实时监测局部放电数据，但是存在成本高、寿命短的缺点，而且后期维护比较复杂。

目前基于配网的电力巡检机器人局部放电检测系统已经大量使用，实现了基于超声波、地电波原理的局部放电检测功能及数据的集成化管理，极大地提升了局部放电检测的效率，节约了大量的人力成本。

未来新的机器人局部放电检测技术将以下形态展现：

（1）独立的诊断型核心模块。独立的局部放电检测模块可自主提供局部放电检测的全程服务，包括原始数据的采集、放电类型的自主分析与诊断，用户无需关心局部放电检测的过程即可得到电气设备的绝缘情况。PRPD/PRPS 图谱如图 9-9 所示。

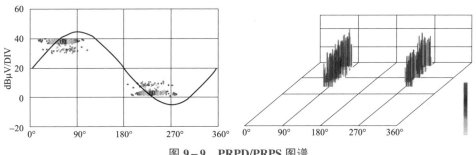

图 9-9　PRPD/PRPS 图谱

（2）多维的数据分析系统。通过 PRPD/PRPS 放电图谱、电气设备局部放电历史数据甚至环境数据来综合分析出电气设备的绝缘趋势，并给出高压电气设备的维护建议，丰富电气设备的多维诊断。

（3）局部放电智能传感器的独立性。各局放检测装置作为独立的、具有唯一 ID 的检测单元，在云数据平台和物理地址上均具唯一性，可实现以太网的数据查询、分析，甚至形成统一格式的"原始数据"报文，任何软件服务端均可使用此数据进行诊断、分析，而智能局部放电传感器不仅可装载于室内电力巡检机器人，还可配套于类似 GIS 管道局部放电检测，线路绝缘子等高空场合的室外仿生机器人、智能巡检设备等载体。

（4）基于机器人的局部放电数据云库。通过云平台，采用 WIFI、4G/5G 与云平台通信，实现众多电气设备测试数据的建立和积累，并利于设备的远程分析。

9.8 极寒地区巡检机器人的多传感系统

极寒地区特别是东北三省、新疆、内蒙古等地区，每年 11 月至次年 4 月持续半年的低温环境，致使机器人无法正常使用，环境温度低至 −20℃ 以下时，会出现可见光无法识别、表计油位识别失真、设备分合位置判断失误等问题。红外测温精度下降，与设备实际温度最大可达到相差 ±8℃，而在气温下降到 −30℃ 时，红外测温功能已无法使用，导致红外测温图片显示为黑色。电池续航能力在 −20℃ 时性能只有常温水平的 50%，而在 −40℃ 只有常温水平的 12%。极寒地区积雪的覆盖同样影响机器人激光导航性能下降，甚至导致导航失效。低气温环境中红外测温示意图如 9−10 所示。

图 9−10 低气温环境中红外测温示意图

在极寒地区机器人可见光摄像头上还可能会出现覆雪、冷凝、结冰等问题，场环境复杂多变，如雨、雪、雾、霾天气造成弱光或强反光，导致拍摄的图像模糊，严重影响图像的识别。

　　在极寒地区机器人从设备上需要选择经过户外严苛条件测试的可见光摄像头/红外热成像仪,并增加自动加热装置,实现去雾霜、除冰、抗冷凝等功能。从算法上需对采集的图像进行去噪、去雾及图像增强技术手段,以达到机器人在极寒地区巡检任务的日常要求。去噪效果如图 9–11 所示,去雾效果如图 9–12 所示。

图 9–11　去噪图像前后效果图

图 9–12　去雾图像前后效果图

　　针对极寒地区电池续航能力随温度急剧下降的现状,机器人亟需应用一种应对极寒地区的电池,此种电池可以使用耐低温材料,例如目前我国已着手开发一种可在 −70℃ 条件下使用的锂电池,新电池采用凝固点低、可在极端低温条件下导电的乙酸乙酯作为电解液,并使用两种有机化合物作为电极,分别为 PTPAn 阴极和 PNTCDA 阳极。与传统锂电池使用的电极不同,这种电极使用的有机化合物不依赖"嵌入过程",即不需要将锂离子嵌入到电极的分子矩阵中,避免了低温条件下嵌入过程变慢,从而有效解决低温环境下机器人电池的续航能力。电池也可以采用加热保护技术,保证电池在低温状态下正常使用。

针对机器人极寒地区定位失效问题可以使用多源融合导航技术,该技术是一个具有多传感器的导航系统,通过惯性、GPS、双目、激光等不同传感器之间的数据融合、优缺点互补,以实现较高精度导航效果。多传感源数据通过平均算法、加权算法、神经网络等算法进行定位信息数据处理,最后使用卡尔曼滤波方法实现最优化的位置状态估计。

参 考 文 献

[1] 熊鹏文. 核电站巡检与应急处理机器人的关键技术研究［D］. 东南大学，2015.

[2] Yun Y，Park B，Chung W K. Odometry calibration using home positioning function for mobile robot［C］//IEEE International Conference on Robotics and Automation. Piscataway，USA：IEEE，2008：2116－2121.

[3] 达兴鹏，曹其新，王雯珊. 移动机器人里程计系统误差及激光雷达安装误差在线标定［J］. 机器人，2017，39［02］：205－213.

[4] 戴志存. AGV 调度系统的设计［J］. 物流技术与应用，2015，20（9）：149－152.

[5] 张沦波，刘冠群，吴俊伟，et al. 移动机器人语音控制技术研究与实现［J］. 华中科技大学学报（自然科学版）2013，41（S1）：348－351.

[6] 朱世强，王宣银. 机器人技术及其应用［M］. 浙江大学出版社，2001.

[7] 方建军，何广平. 智能机器人［M］. 北京：化学工业出版社，2004.

[8] 孙怡宁. 浅谈人工智能与机器人的发展趋势［J］. 电子测试，2016（23）.

[9] 柳斐. 变电站定轨自主巡视机器人系统研究［D］. 华中科技大学，2015.

[10] 黄超艺，李天友. 电网企业机器人研发应用现状与展望［J］. 电气应用，2018（23）：21－28.

[11] 国网浙江省电力有限公司温州供电公司，变电站智能巡检机器人［M］. 北京：中国电力出版社，2019.